주머니 속

풀꽃 도감

이영득 선생님은 생태 교육자면서 동화 작가입니다. 한국식물생태연구회 회원으로 활동하고, 교사와 학부모, 숲해설가를 대상으로 강의하며 자연 사랑을 전하고 있습니다.
동화책 『할머니 집에서』 『오리할머니와 말하는 알』 『강마을 아기너구리』, 생태 책 『풀꽃 친구야 안녕?』 『주머니 속 풀꽃 도감』 『주머니 속 나물 도감』 『산나물 들나물 대백과』 『내가 좋아하는 풀꽃』 『내가 좋아하는 물풀』 『숲에서 놀다』를 펴냈습니다.

정현도 선생님은 부산의 고등학교에서 국어 교사로 재직하고 있습니다. 아이들을 좋아하다 보니 꽃이 더 예뻐 보였고, 꽃을 좋아하다 보니 꽃 같은 아이들을 더 사랑하게 되었습니다. 이 땅에 살아갈 사람들이 이 땅의 자연을 사랑하기 바라는 마음으로 1997년부터 야생화 누리집 '꽃지기의 꽃누리'를 통해 꽃 사랑을 전하고, 한국식물생태연구회 회원으로도 활동하고 있습니다.

사진 도와 주신 분

한국식물생태연구회, 김문찬, 김상희, 문춘자, 박완수, 신명숙, 우정호, 이몽환, 이봉식, 이성원, 이홍진, 전세영, 지영미, 채병수, 최승수, 현금인

일러두기

1. 과명과 식물명은 산림청 산하 국가표준식물목록시스템을 기준으로 했고, 아직 표준식물명이 정해지지 않은 것은 국가생물종지식정보시스템과 『한국식물도감』(2006), 『대한식물도감』(2003)을 참고했습니다.
2. 차례는 식물 분류 기준을 따르되 봄·여름·가을·수생식물 차례로 890종 가까이 실었으며, 이름이나 모양이 비슷한 것은 견주어 보기 쉽게 기준을 따르지 않은 경우도 있습니다.
3. 식물 전문 용어는 쉽게 풀어 쓰려고 노력했고, 깨끗한 우리말로 바꿔 쓸 때 지나치게 길어지거나 복잡해지는 것은 그대로 쓰기도 했습니다.
4. 어린이나 청소년, 풀꽃 사랑을 시작하는 어른을 위한 책이므로 학명은 생략했고, 사진과 설명은 눈으로 척 봤을 때 알아볼 수 있는 점을 짚어 주려고 노력했습니다.
5. 희귀한 것보다는 우리 주변에 있는데도 이름을 불러 주지 못하는 것을 먼저 보여 주려 했고, 어느 때 봐도 알기 쉽도록 꽃이 피지 않은 모습까지 담았습니다.

생태 탐사의 길잡이 3

주머니 속

풀꽃도감

이영득 · 정현도 글과 사진

황소걸음
Slow&Steady

주머니 속
풀꽃
도감

펴낸날 2006년 10월 25일 초판 1쇄
2015년 4월 30일 개정판 1쇄
2020년 4월 20일 개정판 3쇄
지은이 이영득 정현도
만들어 펴낸이 정우진 강진영 김지영
꾸민이 Moon&Park(dacida@hanmail.net)
펴낸곳 서울 마포구 토정로 222 한국출판콘텐츠센터 420호
편집부 (02) 3272-8863
영업부 (02) 3272-8865
팩 스 (02) 717-7725
이메일 bullsbook@hanmail.net / bullsbook@naver.com
등 록 제22-243호(2000년 9월 18일)
ISBN 978-89-89370-95-6 06480

자연이 먼저 말을 걸어요

숲에 가면 자연이 먼저 말을 걸어요.
"어서 와! 편히 쉬다 가."
그러면 이렇게 대답하죠.
"고마워, 조심조심 다녀갈게."
다음에 가면 제가 먼저 말을 걸어요.
"좀 쉬었다 갈게. 내가 좀 지쳐 보이지? 걱정 마. 여기에서 놀다 보면 금세 기운이 날 거야. 고마워."
숲길을 걸으며 이렇게 풀과 나무와 새와 풀벌레와 눈을 맞추다 보면, 생기가 돌고 행복해져요. 그러는 가운데 맘에 쏙 들어온 친구가 생겼어요. 풀꽃이에요! 어느새 풀꽃하고 떼려야 뗄 수 없는 친구가 되어, 무겁고 두꺼운 도감을 배낭에 넣고 다녔어요. 이름을 불러 주며 더 친해지고 싶어서요. 하지만 꽃만 나온 도감을 보고 꽃이 피지 않은 모습까지 알아보는 건 쉽지 않았어요.
그래도 자연을 알아 가고 배우는 기쁨이 커서 나갈 때마다 두꺼운 도감을 챙겼지요. 책을 보고도 찾지 못하면 오랫동안 지켜보았어요. 그렇게 천천히 자연과 친해졌죠. 그런데 어떻게 하면 풀꽃과 빨리 친구가 될 수 있는지 일러 달라고 조르는 사람이 많아요.
방법이 뭐 있겠어요? 자주 보고, 오래 보고, 아껴 주며 즐기다 보니 서서히 안 것뿐인걸요. 이런 부탁도 하네요. 작으면서 많은 식물이 나오고, 배낭에 넣어도 무겁지 않고, 꽃이 피지 않은 모습을 보고도 알 수 있게 책을 만들어 달라고요.

"아이, 참!"

책 한 권에 그 많은 바람을 다 담을 수 있겠어요? 하지만 자연에 물들기 시작한 그 마음을 알기에 될 수 있으면 그렇게 하려고 했어요. 처음엔 저도 똑같은 마음이었으니까요.

이 책에 실은 풀꽃은 누구나 한 번쯤 '저 풀도 이름이 있을까?' '저 풀은 이름은 뭘까?' 생각해 봤을 것 같은 풀이 많아요. 그래서 어느 때 누가 보더라도 알아보기 쉽게 꽃이 피지 않은 모습도 담으려고 애썼어요. 비슷해서 헷갈리기 쉬운 풀은 나란히 실었고요.

우리 땅에 자라는 식물에 대한 체계적인 조사와 정리 작업은 안타깝게도 일제 강점기에 처음 시도되었어요. 그 힘겨운 시간에 선구자들이 우리 꽃 이름을 살리고자 노력한 덕분에 아름다운 우리말 식물 이름이 오늘까지 전해지고 있어요. 하지만 시대적인 배경과 열악한 여건 때문에 작업을 제대로 마무리하지 못한 아쉬움이 남아 후학들의 노력이 필요했지요.

초판이 나온 지 10년. 그동안 많은 전문가와 동호인들이 노력해서 새롭게 밝힌 것도 있고, 잘못된 정보를 바로잡았으며, 여러 가지로 혼용되던 식물 이름이 국가표준식물명으로 통일되었습니다. 그래서 정확한 이름을 불러 주기 바라는 마음으로 개정판을 내게 되었어요.

풀꽃과 친해지고 싶은 아이와 어른들 손에 이 책이 들린 모습을 상상하면 기뻐요. 어느새 풀내 나는 목소리가 들리는 듯해요.

"이 풀이 뭐꼬?"

자연에서 살아 숨 쉬는 것이
행복하고 감사한 날에
풀꽃지기 이영득, 꽃지기 정현도

차례

이 책의 구성과 특징

_ 차례는 식물 분류 기준을 따르되,
 1. 봄
 2. 여름
 3. 가을
 4. 수생식물
 순으로 실었습니다.

_ 식물 분류표는 식물 전문가가 아닌 사람에게는 낯설고, 복잡하고, 자리도 많이 차지해서 일부러 넣지 않았습니다.

_ 이름이나 모양이 비슷한 것은 견주어 보기 쉽게 식물 분류 기준을 따르지 않은 것도 있습니다.

_ 책을 옆에서 보면 위쪽에 네 가지 색깔이 있습니다.

 봄·여름·가을·수생식물이 차례로 들어 있는 표시입니다.

_ 생김새가 비슷한 식물끼리 모아 놓은 것이 이 책의 특징입니다. 먼저 책을 훑어보고 바깥에 나가면 비슷한 식물끼리 견주어 볼 수 있어 생태 학습에 효과적입니다.

_ 이름을 아는 식물은 책 뒤쪽 '찾아보기'에서 쪽수를 보면 더 쉽게 찾을 수 있습니다.

_ 꽃 사진 아래에 있는 숫자는 꽃이 핀 날짜입니다. 예를 들어 '05.30'은 5월 30일에 찍은 사진을 뜻합니다.

봄

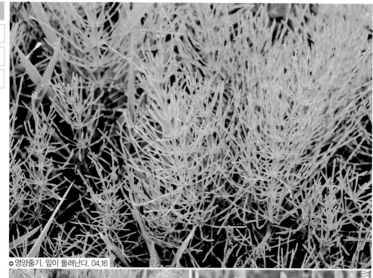
ㅇ영양줄기. 잎이 돌려난다. 04.16

ㅇ영양줄기 어린 모습. 04.14

ㅇ생식줄기(뱀밥). 먼지 같은 홀씨가 나온다. 04.05

쇠뜨기 (속새과)

소가 뜯어 먹어서 쇠뜨기라 하는데, 많이 먹으면 설사를 한다. 솔잎같이 생긴 영양줄기와 뭉툭한 붓같이 생긴 생식줄기가 따로 올라온다. 생식줄기는 '뱀밥' '홀씨주머니 이삭'이라 하는데, 먼지 같은 홀씨(포자)가 터져 나온다. 영양줄기는 마디마디 잘 끊어지고, 뿌리는 깊어서 밭에 나면 다 뽑아 내기 어렵다.

여러해살이풀

자라는 곳 풀밭
꽃 생식줄기가 밤빛이 도는 누런빛
꽃 피는 때 3월 말~5월
크기 20~40cm

영양엽

생식엽

o 영양엽(녹색)과 생식엽(누런색). 05.05

o 어린 영양엽. 03.30

o 어린 생식엽(녹색)과 어린 영양엽(갈색). 04.05

여러해살이풀

자라는 곳 숲 가장자리,
　　　　　축축한 곳
꽃 홀씨로 번식
크기 60~100cm

고비 (고비과)

어린순을 잎자루째 꺾어서 삶아 말렸다가 나물로 먹는다. 흔히 고사리보다 고급 나물로 친다. 어린잎은 하얀 솜털에 싸였다가 태엽처럼 풀리면서 자란다. 홀씨주머니(포자낭)가 달려서 번식을 담당하는 생식엽은 홀씨를 퍼뜨리고 나면 시든다. 고사리처럼 생겼지만 고비과 식물이다.

11

○05.01

○싹 05.01 ○어린순 05.31

고사리(고사리과)

어린순이 올라올 때 잎자루째 꺾어서 묵나물로 먹는
다. 제사 때 빠지지 않는 나물로, 데쳐서 말린 뒤 우려
내야 독성도 빠지고 맛있다. 잎이 새 깃 모양으로 펼
쳐지면 먹지 않는다. 식물의 진화 단계에서 물을 떠나
가장 먼저 땅 위에 살기 시작했고, 공룡이 살기 전에
도 있었다.

여러해살이풀

자라는 곳 산의
양지바른
풀밭
꽃 홀씨로 번식
크기 30~100cm

12

ㅇ넉줄고사리. 뿌리줄기가 기면서 뻗어 자란다. 06.18

ㅇ부싯깃고사리. 잎 뒤에 털이 많아 부싯깃으로 썼다. 06.04

ㅇ봉의꼬리. 상상 속 봉황의 꼬리를 닮았다고 한다. 08.14

ㅇ거미고사리. 거미줄처럼 가는 잎끝에서 싹이 돋는다. 11.02

○06.16

○홀씨주머니 여름 모습. 06.16

○홀씨주머니 가을 모습. 10.17

고란초 (고란초과)

충남 부여에 있는 고란사 바위 절벽에서 자란다고 고
란초라는 이름이 붙었지만, 다른 곳에서도 자란다.
잎은 타원형이나 긴 타원형이고, 뒷면에 두 줄로 홀씨
주머니가 있다. 홀씨주머니는 연둣빛 도는 노란빛에
서 밤빛으로 바뀐다. 잘 자란 잎은 아랫부분이 갈라
지기도 한다.

여러해살이풀
자라는 곳 그늘진 바위 틈이나 절벽
꽃 홀씨로 번식
크기 잎 길이 5~15cm

14

○ 일엽초. 잎끝이 뾰족하고, 잎이 길다. 12.12

○ 우단일엽. 잎끝이 둥글고, 뒷면에 털이 많다. 03.29

○ 콩짜개덩굴. 잎이 짜개 놓은 콩 같다. 02.27

○ 세뿔석위. 잎몸이 3~5갈래로 갈라진다. 06.18

15

○04.30

○싹 11.23

○자란 잎. 03.18

뚝새풀(벼과)

논둑에서 잘 자라는 벼과 식물(새)이라고 뚝새풀이다. 번식력이 왕성한 잡초지만, 모내기 전에 논을 뒤덮어 다른 잡초의 번식을 막고, 논갈이 후 논에 물을 채우면 쉽게 사라져서 농사에 여러모로 도움이 된다. 인산 성분을 좋아하는데, 인산은 벼농사에 좋아 뚝새풀이 자라는 논에는 벼농사도 잘된다.

한두해살이풀

자라는 곳 논밭
꽃 빛깔 꽃밥이 풀빛
혹은 흰빛에서
밤빛으로 바뀜
꽃 피는 때 4~6월
크기 20~40cm

○개밀 05.28

○메귀리. 귀리와 닮았다. 05.15

○오리새. 절개지 녹화에 좋다. 05.26

○털빕새귀리. 털이 많다. 05.04

여러해살이풀	
자라는 곳	들, 길가
꽃 빛깔	풀빛, 자줏빛 도는 풀빛
꽃 피는 때	5~7월
크기	40~100cm

개밀 (벼과)

밀과 비슷한데 먹지 않는 밀이라고 개밀이다. 길가나 들에서 무리지어 자라지만, 아무도 거들떠보지 않는 잡초 취급을 받는다. 이삭은 끝이 비스듬히 휘며, 열매 끝에 길고 가느다란 털 같은 까락이 달린다. 씨앗이 익으면 이삭 줄기가 꼿꼿이 선다. 씨앗은 작은 새들이 좋아한다.

17

○06.06

○ 어린 이삭(삘기, 삐삐). 04.20

○ 단풍 든 띠. 11.19

띠 (벼과)

띠는 가을에 피는 억새와 달리 봄에 핀다. 삘기 혹은
삐비, 삐삐라 부르는 연한 꽃대를 까 먹으면 들큼하
고 밍밍한 맛이 난다. 잔디처럼 양지바른 풀밭에서 잘
자라고, 뿌리가 옆으로 길게 뻗어서 잔디 대신 심어
무덤의 흙이 흘러내리지 않게 했다. 가을이 되면 이파
리에 단풍이 곱게 든다.

여러해살이풀

자라는 곳 산과 들의
양지쪽 풀밭
꽃 빛깔 누런빛 도는
붉은빛
꽃 피는 때 4∼6월
크기 30∼80cm

18

○05.03

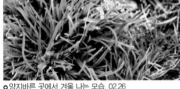
○양지바른 곳에서 겨울 나는 모습. 02.26

○많이 밟히는 곳에서 이삭 핀 모습. 05.04

한두해살이풀

자라는 곳 들
꽃 빛깔 풀빛
꽃 피는 때 5월
크기 10~25cm

새포아풀(벼과)

벼과 식물 가운데 크기가 작은 풀로, 들이나 집 근처 빈 터에서 쉽게 볼 수 있다. 줄기는 뿌리에서 모여 나고, 많이 밟히는 곳에서는 기듯이 자란다. 잎끝은 배의 머리 쪽처럼 오목한 유선형이며, 잎몸은 납작하고 털이 없다. 뿌리가 촘촘하고 넓게 퍼져서 잘 뽑히지 않고, 가뭄에도 강하다.

○ 털대사초. 잎에 주름이 있고, 털이 많다. 04.07

○ 대사초. 잎에 주름이 없고, 털도 잘 보이지 않는다. 04.20　○ 지리대사초. 잎이 대사초보다 좁고 길다. 07.20

털대사초 (사초과)

사초과에 드는 식물 가운데 잎이 댓잎을 닮아서 대사초라 하고, 대사초 가운데 잎 앞면과 뒷면, 가장자리까지 털이 나서 털대사초라 한다. 지리대사초는 잎 앞면과 가장자리에 털이 없고, 잎이 좁고 갸름하다. 대사초는 잎이 털대사초와 비슷한데 주름이 없고, 털이 잘 보이지 않는다.

여러해살이풀
자라는 곳 전국의 산지
꽃 빛깔 붉은빛 도는 밤빛
꽃 피는 때 3~7월
크기 5~12cm

o 괭이사초. 습기가 있는 곳에서 잘 자란다. 06.11

o 통보리사초. 보리 이삭을 닮았고, 바닷가 모래땅에서 자란다. 04.20

○앉은부채 잎과 꽃. 04.01

○앉은부채 잎. 04.11   ○앉은부채. 꽃덮개가 노란 개체. 03.02   ○애기앉은부채 08.17

앉은부채 (천남성과)

얼룩무늬가 있는 꽃덮개(불염포) 속에 동그란 꽃이 핀
모습이 광배를 배경으로 앉은 부처님 같아서 앉은부
채라고 한다. 봄에 꽃이 잎보다 먼저 올라오거나, 잎
과 같이 올라온다. 전체에 독이 있다. 애기앉은부채는
크기가 작으며, 봄에 잎이 나고 여름에 꽃이 핀다.

여러해살이풀

자라는 곳 산골짝 그늘
꽃 빛깔 노란빛
꽃 피는 때 2월 말~6월
크기 잎 길이
 30~40cm

22

○ 반하 05.02

○ 대반하. 반하보다 크고, 잎에 윤기가 난다. 07.20

○ 반하 살눈. 05.19

○ 대반하 열매. 07.02

여러해살이풀

자라는 곳 밭, 길가
꽃 빛깔 꽃덮개가 풀빛
꽃 피는 때 5~6월
크기 20~40cm

반하(천남성과)

'여름의 한가운데'라는 뜻이 있는 반하는 한여름에 캐서 가래, 천식 등에 처방하는 알줄기(구경)의 한약재 이름이다. 꽃 모양이 뱀이 혀를 날름거리는 듯 특이한데, 기다란 꽃덮개 안에 수꽃이 위에 붙고 조금 아래 암꽃이 있다. 씨가 아니면서 싹이 나 번식하는 살눈 (주아)이 잎자루 아래쪽에 생긴다.

23

○ 05.03

○ 싹 04.25

○ 열매 10.17

천남성 (천남성과)

독성이 강한 덩이줄기(괴경)의 한약재 이름이 천남성
이다. 사약에 쓰일 정도로 독성이 강하지만, 한방에서
는 거담, 진통, 진정 등에 약으로 쓴다. 꼬부라진 꽃
덮개 속에 곤봉 모양 꽃차례가 있고, 빨간 옥수수 알
같은 열매가 달린다. 꽃덮개가 자줏빛인 남산천남성
은 둥근잎천남성으로 통합되었다.

여러해살이풀
자라는 곳 산의 숲 속
꽃 빛깔 꽃덮개가 풀빛
꽃 피는 때 5~6월
크기 30~50cm

o 둥근잎천남성. 꽃덮개가 자줏빛이다. 04.23

o 두루미천남성. 꽃과 잎이 두루미를 닮았다. 06.05

o 큰천남성. 잎이 크다. 06.01

o 04.23

o 잎 03.03

o 열매 05.14

꿩의밥 (골풀과)

잡식성인 꿩이나 새가 이 풀의 열매를 잘 먹는다고 꿩
의밥이다. 잎과 줄기가 땅속줄기에서 뭉쳐 나며, 잎에
는 흰 털이 많다. 뿌리잎은 겨울을 나고, 양지바른 풀
밭에서 흔히 볼 수 있다.

<table>
<tr><td colspan="2">여러해살이풀</td></tr>
<tr><td>자라는 곳</td><td>산과 들의 풀밭</td></tr>
<tr><td>꽃 빛깔</td><td>노란빛이 섞인 밤빛</td></tr>
<tr><td>꽃 피는 때</td><td>3월 말~5월</td></tr>
<tr><td>크기</td><td>7~25cm</td></tr>
</table>

○중의무릇. 꽃이 여러 송이 달린다. 03.27

○애기중의무릇. 중의무릇보다 전체가 가늘고, 꽃도 적게 달린다. 04.10

여러해살이풀

자라는 곳 산의 풀밭
꽃 빛깔 노란빛
꽃 피는 때 3월 말~4월
크기 15~25cm

중의무릇(백합과)

전체에 물기가 많다. 땅 속에 있는 달걀 모양 비늘줄기(인경)에서 잎과 꽃줄기가 올라온다. 꽃은 줄기 끝에 여러 송이 핀다. 씨에서 난 잎은 실처럼 가늘지만, 비늘줄기에서 올라온 잎은 폭이 0.8cm 정도 된다. 비늘줄기는 약으로 쓴다.

○ 05.06

○ 싹 04.21

○ 열매 06.18

둥굴레 (백합과)

굵은 땅속줄기가 옆으로 뻗는다. 줄기에 능선이 여
섯 개 있고, 끝이 비스듬히 처진다. 잎겨드랑이에 희
고 긴 종 모양 꽃이 아래로 달리며, 열매는 검게 익는
다. 뿌리는 우려서 차로 마시고, 어린순은 나물로 먹
는다.

여러해살이풀

자라는 곳 산과 들의
　　　　　　양지바른 곳
꽃 빛깔 풀빛이 도는
　　　　　흰빛
꽃 피는 때 5~7월
크기 30~70cm

o 층층갈고리둥굴레. 잎끝이 갈고리 모양이고, 잎과 꽃이 층층이 달린다. 05.14

o 왕둥굴레. 잎겨드랑이에 꽃이 2~5송이씩 달린다. 05.09

o 용둥굴레. 달걀 모양 포 속에 꽃이 핀다. 04.20

o05.11

o싹 04.13

o열매 09.25

풀솜대(백합과)

지장보살이라고도 한다. 솜대와 비슷하지만, 잎과 줄기에 털이 아주 많다. 줄기는 휘고, 잎은 어긋나게 달린다. 꽃은 줄기 끝에 모여 피고, 열매는 빨갛게 익는다. 뿌리줄기가 옆으로 길게 뻗고, 마디에서 뿌리가 나온다.

여러해살이풀

자라는 곳 숲 속 그늘
꽃 빛깔 흰빛
꽃 피는 때 5~6월
크기 20~50cm

○05.08

○자라는 모습. 04.30

○열매 09.23

여러해살이풀

자라는 곳 산의 숲 속
꽃 빛깔 흰빛
꽃 피는 때 5월
크기 20~30cm

은방울꽃(백합과)

은방울 모양 꽃이 핀다고 은방울꽃이다. 긴 타원형 잎은 보통 두 장인데, 더러 세 장인 것도 있다. 잎은 서로 싸 안으면서 줄기처럼 된다. 흰 꽃줄기에는 꽃이 열 송이 정도 달리며, 끝이 뾰족하고 둥근 열매는 빨갛게 익는다. 독이 있는 어린순을 나물로 먹어서 중독 사고가 잦으니 주의한다.

○ 04.15

○ 어린잎 04.12

○ 열매 09.01

애기나리(백합과)

줄기는 비스듬히 휘고, 잎이 하나씩 달릴 때마다 조금씩 꺾인다. 가지가 한두 개 갈라진다. 줄기 끝에 별 모양 작은 꽃이 아래를 보고 핀다. 애기나리는 암술대가 수술보다 길게 나오며, 큰애기나리는 암술대가 수술 길이와 비슷하고 가지가 많이 갈라진다.

<table>
<tr><td colspan="2">여러해살이풀</td></tr>
<tr><td>자라는 곳</td><td>산의 숲 속</td></tr>
<tr><td>꽃 빛깔</td><td>풀빛이 도는 흰빛</td></tr>
<tr><td>꽃 피는 때</td><td>4~5월</td></tr>
<tr><td>크기</td><td>15~30cm</td></tr>
</table>

o 큰애기나리. 가지가 많이 갈라진다. 05.08

o 금강애기나리. 꽃잎에 점이 있다. 06.04

○ 처녀치마 03.27

○ 처녀치마. 잎 가장자리에 톱니가 있다. 07.12

○ 숙은처녀치마. 잎 가장자리가 밋밋하다. 06.01

처녀치마(백합과)

잎이 사방으로 돌려난 모습이 처녀의 치마를 닮아서
처녀치마다. 뿌리잎은 꽃 방석 모양으로 난다. 뿌리잎
가운데에서 꽃줄기가 올라와 끝에 꽃이 열 송이쯤 달
린다. 처녀치마는 잎 가장자리에 톱니가 있고 주로 중
부 지방에 살며, 숙은처녀치마는 잎 가장자리가 밋밋
하고 남부 고산에 산다.

여러해살이풀

자라는 곳 높은 산
꽃 빛깔 연보랏빛
피는 때 3월 말~4월
크기 10~30cm

34

○ 큰연영초. 05.07

○ 연영초 꽃봉오리. 04.28

○ 연영초. 씨방이 연노란빛. 05.17

○ 큰연영초. 씨방이 검은빛. 05.07

여러해살이풀

자라는 곳 산의 숲 속
꽃 빛깔 흰빛
꽃 피는 때 5~6월
크기 높이 15~40cm

연영초 (백합과)

약으로 썼을 때 수명을 연장해 주는 풀이라는 뜻으로 연령초(延齡草)라 하다가 연영초로 바뀌었다. 독성이 있는 뿌리를 약으로 쓴다. 줄기 하나에 잎, 꽃받침, 꽃잎이 세 장씩 붙어 특이한 모양이다. 가운데 씨방이 연노란빛이면 연영초, 짙은 검은빛이면 큰연영초다.

○밀나물. 덩굴로 길게 뻗어 자란다. 07,12

○선밀나물. 서서 자란다. 04,27

밀나물 (백합과)

여러해살이풀

어린순은 나물로 먹는다. 줄기는 가지가 많이 뻗고, 잎겨드랑이에는 턱잎이 변한 덩굴손이 있다. 잎에는 세로 맥 5~7개가 뚜렷하다. 암수딴그루로 풀빛 꽃이 공 모양으로 모여 핀다. 열매는 흰 가루로 덮였고, 검은색으로 익는다.

자라는 곳 산과 들
꽃 빛깔 풀빛
꽃 피는 때 5~7월
크기 200~300cm

36

○04.15

○싹. 접은 우산 모양. 03.20

○어린잎 03.29

여러해살이풀

자라는 곳 깊은 산 속
꽃 빛깔 노란빛
꽃 피는 때 5~6월
크기 30~40cm

삿갓나물(백합과)

잎 가운데에서 꽃줄기가 올라오는 모습이 삿갓을 닮았다고 삿갓나물이다. 잎은 대개 6~8장이 돌려나는데, 올라올 때는 접은 우산 모양이다. 이름에 '나물'이 붙었지만 독이 있다. 둥근 열매는 자줏빛 도는 검은 빛으로 익으며, 뿌리는 약으로 쓴다.

○ 줄기에 가시가 있고, 덩굴로 자란다. 06.02

○ 덜 익은 열매. 06.01

○ 익은 열매. 열매자루가 길다. 11.28

천문동 (백합과)

비짜루와 비슷하게 생겼는데 덩굴성이다. 굵은 방추형 뿌리가 사방으로 퍼진다. 잎처럼 생긴 가지는 1~3개씩 돌려나 비짜루보다 성기게 보인다. 잎은 미세한 막질이나 짧은 가시로 나서, 줄기를 손으로 훑으면 아프다. 암수딴그루로 익은 열매가 흰빛을 띠며, 열매자루가 있는 점이 비짜루와 다르다.

여러해살이풀

자라는 곳 남쪽
바닷가와
산기슭
꽃 빛깔 풀빛 도는
흰빛
꽃 피는 때 5~6월
크기 100~200cm

o 꽃자루가 천문동보다 짧다. 06.01

o 비짜루 열매. 10.30

o 방울비짜루. 꽃자루가 길다. 05.14

여러해살이풀

자라는 곳 산기슭
꽃 빛깔 흰빛
꽃 피는 때 5~6월
크기 50~100cm

비짜루(백합과)

원줄기는 둥글고 능선이 있으며 가지를 많이 치지만, 덩굴은 아니다. 원줄기에 난 잎은 가시처럼 되어 밑으로 향한다. 잎처럼 생긴 가지는 3~7개씩 모여 난다. 암수딴그루로 암꽃에도 작은 수술이 남아 있다. 열매는 잎겨드랑이에 붙어 달리며, 어린순은 나물로 먹고, 뿌리는 약으로 쓴다.

39

o 윤판나물 05.07

o 윤판나물 싹. 04.20

o 윤판나물아재비. 울릉도와 제주도에서 자란다. 05.07

윤판나물 (백합과)

굵은 뿌리줄기가 옆으로 뻗으면서 자란다. 원줄기는
윗부분에서 많이 갈라진다. 타원형 잎은 끝이 뾰족하
고, 잎맥이 3~5개다. 꽃이 가지 끝에 1~3송이 달리
며, 아래를 보고 핀다. 타원형 열매는 까맣게 익는다.
어린순은 데쳐서 우려내고 나물로 먹는다.

○03.31

○잎 03.28

○꽃봉오리가 벌어진다. 04.06

여러해살이풀

자라는 곳 산자락,
         들의 풀밭
꽃 빛깔 흰빛
꽃 피는 때 3월 말~5월
크기 잎 길이 15~30cm

산자고(백합과)

습지에 사는 소귀나물을 자고라 하는데, 산에 사는 자고라는 뜻으로 산자고다. 꽃은 햇살을 받으면 피고, 해가 없으면 꽃잎을 닫는다. 꽃잎을 닫으면 자줏빛이 돌고, 꽃잎이 벌어지면 하얀 별 같다. 물구지, 까치무릇이라고도 한다. 비늘줄기는 약으로 쓰고, 장아찌를 해 먹는다.

○달래. 꽃이 아주 작다. 04.04

○산달래. 잎이 가늘고 길다. 04.05

○산달래 뿌리. 04.11

○산달래 꽃과 살눈. 06.15

○산달래 꽃. 05.31

달래 (백합과)

산과 들의 축축한 곳에 자란다. 꽃대 끝에 꽃이 1~2
송이 달리며, 가끔 3~4송이 달리는 것도 있다. 잎은
1~2장이다. 뿌리째 나물로 먹는데, 산달래보다 작아
서 애기달래라고도 한다. 시장에서 파는 달래는 대부
분 꽃대에 작은 꽃 여러 개가 공 모양으로 피는 산달
래다.

여러해살이풀

자라는 곳 산과 들
꽃 빛깔 연한 붉은빛,
흰빛
꽃 피는 때 3~4월
크기 10~20cm

○05.12

여러해살이풀

자라는 곳 높은 산의
　　　　 풀밭
꽃 빛깔 흰빛
꽃 피는 때 4~5월
크기 10~20cm

나도개감채 (백합과)

백두산 등지의 고산에 사는 개감채를 닮아서 나도개
감채다. 가는잎두메무릇이라고도 한다. 알 모양 비늘
줄기에서 잎이 하나씩 올라오고, 꽃줄기도 하나씩 올
라온다. 꽃줄기 윗부분에 꽃이 2~6송이 달린다. 꽃잎
은 여섯 장이고, 풀빛 줄이 있다. 개감채는 잎이 실처
럼 가늘고, 꽃도 하나씩 핀다.

43

o 05.30

o 잎 05.22

o 열매 08.25

나도옥잠화 (백합과)

잎 모양이 옥잠화를 닮았다고 나도옥잠화다. 깊은 산 높은 능선 지대에 자라서 두메옥잠화, 나물로 먹는 어린잎이 당나귀 귀를 닮아서 당나귀나물이라고도 한다. 잎은 2~5장이고, 털이 있다가 점차 없어진다. 꽃 줄기 끝에 꽃이 여러 송이 모여 달린다. 둥근 열매는 짙은 남색으로 익는다.

여러해살이풀

자라는 곳 깊은 산의 숲 속
꽃 빛깔 흰빛
꽃 피는 때 5~7월
크기 20~70cm

44

o 잎이 굵은 것을 흔히 대파라 한다. 03.02

o 잎이 가는 것을 흔히 쪽파라 한다. 02.26

o 대파 꽃. 04.15

여러해살이풀

자라는 곳 전국의
밭에서 재배
꽃 빛깔 흰빛
꽃 피는 때 4~7월
크기 70cm 정도

파 (백합과)

파는 매운맛과 맵싸한 냄새가 난다. 동양에선 오래
전부터 재배한 채소지만, 서양에선 거의 기르지 않는
다고 한다. 잎 단면이 둥글어서 마늘과 구별된다. 씨
뿌려 키운 가느다란 것은 실파, 가을까지 재배한 굵
은 것은 대파라 한다. 쪽파는 대파보다 작고, 통통한
비늘줄기를 쪼개 심는다.

45

○ 큰두루미꽃. 암술머리가 3갈래로 갈라진다. 05.08

○ 두루미꽃. 암술머리가 2갈래로 갈라진다. 06.05

○ 두루미꽃 꽃봉오리. 05.02

두루미꽃(백합과)

꽃과 잎이 어우러진 모습을 두루미에 비유해 두루미
꽃이다. 뿌리줄기가 옆으로 뻗어서 무리짓는다. 줄기
에 2~3장 어긋나게 달리는 잎은 심장 모양이고, 끝이
뾰족하다. 잎 뒷면 맥 위에 돌기 모양 털이 있고, 암술
머리는 두 갈래다. 큰두루미꽃은 전체가 조금 크고,
잎 뒤에 털이 없으며, 암술머리가 세 갈래다.

여러해살이풀

자라는 곳 높은 산의
숲 속
꽃 빛깔 흰빛
꽃 피는 때 5~7월
크기 10~25cm

46

○04.05

얼레지 (백합과)

여러해살이풀

자라는 곳 산 속의
　　　　　　기름진 땅
꽃 빛깔 자줏빛 무늬가
　　　　　있는 보랏빛
꽃 피는 때 3~5월
크기 20~30cm

잎에 얼룩무늬가 있어서 얼레지라 한다. 잎 두 장 사이로 꽃줄기가 올라오고 꽃잎이 여섯 장인 분홍빛 꽃이 피는데, 안쪽에 더 짙은 W자 무늬가 있다. 꽃잎은 햇살이 쨍쨍할 때 한껏 젖혀진다. 잎을 삶아 말려서 묵나물로 먹을 수 있으나, 독성이 있어 날것으로 많이 먹으면 설사를 한다.

47

○ 어린잎 03.12

○ 열매 04.29

○꽃 피기 전. 03.25

○ 벌어진 열매. 05.20

○ 씨 05.28

○ 흰얼레지 04.30

○ 05.11

○ 붓을 닮은 꽃봉오리와 잎. 05.11

붓꽃(붓꽃과)

꽃봉오리가 붓 모양을 닮아서 붓꽃이다. 줄기는 곧게
서며, 아랫부분은 밤빛 막으로 덮여 있다. 붓꽃 종류
는 밖으로 젖혀진 넓은 꽃잎(외화피)과 안쪽의 좁은
꽃잎(내화피)이 세 장씩 있는데, 바깥 꽃잎에 있는 호
랑이 무늬가 이 붓꽃의 특징이다.

여러해살이풀	
자라는 곳	산과 들의 풀밭
꽃 빛깔	짙은 자줏빛
꽃 피는 때	5~6월
크기	30~60cm

o 각시붓꽃. 붓꽃보다 작다. 04.21

o 솔붓꽃. 화관통이 1~2cm로 짧다. 04.27

o 노랑무늬붓꽃. 꽃잎에 노란 무늬가 있다. 04.15

o 타래붓꽃. 잎이 실타래처럼 꼬였다. 04.30

o 금붓꽃. 금빛처럼 노란 꽃이 핀다. 05.01

○ 꽃잎의 노란 무늬가 특징이다. 07.08　　○ 산의 축축한 곳에서 자라는 모습. 07.08

꽃창포 (붓꽃과)

잎은 창포를 닮았는데, 소시지 모양 꽃이 피는 창포
와 달리 예쁜 자줏빛 꽃이 핀다고 꽃창포라는 이름이
붙었다. 바깥 꽃잎 세 장에 노란 무늬가 있다. 축축한
곳을 좋아해서 늪이나 물가에 주로 자란다.

여러해살이풀

자라는 곳 산과 들의
　　　　　습지나 물가
꽃 빛깔 짙은 자줏빛
꽃 피는 때 6~7월
크기 60~120cm

o04,06

o꽃 피고 눈이 온 모습. 03.10

o열매 11,13

여러해살이풀

자라는 곳 산의 숲 속
꽃 빛깔 노란빛 띠는
풀빛
꽃 피는 때 3~4월
크기 꽃줄기 10~25cm

보춘화 (난초과)

봄이 온 것을 알려 주는 꽃이라고 보춘화다. 봄에 피는 난초라고 춘란이라고도 한다. 겨울에도 잎이 싱싱하게 살아 있다. 매끈한 잎과 단아한 꽃 모양이 아름다워 예부터 사군자의 하나로 사랑 받았다. 무분별한 채취로 사라져 가는 안타까운 꽃이다. 씨앗은 먼지처럼 작다.

○꽃 06.21　　　　○05.14

자란 (난초과)

자줏빛 난초라는 뜻이다. 서남 해안의 양지쪽 풀밭에
드물게 자란다. 붉은 자줏빛 꽃잎 가운데 혓바닥 모
양 연한 꽃잎이 주름 진 모습이 특이하다. 꽃 빛깔이
화려하고, 맥이 뚜렷한 잎이 아름다워 수입 원예종으
로 착각하기도 한다. 심어 가꾸기도 한다.

여러해살이풀

자라는 곳 바닷가
　　　　　　근처 산
꽃 빛깔 붉은 자줏빛
꽃 피는 때 5~6월
크기 30~50cm

○05.25

○어린 꽃봉오리. 05.23

○꽃봉오리 05.23

여러해살이풀	
자라는 곳	깊은 산의 숲 속, 풀밭
꽃 빛깔	붉은 자줏빛
꽃 피는 때	5~6월
크기	25~40cm

복주머니란 (난초과)

꽃 모양이 복주머니와 닮았다고 복주머니란이다. 개불알꽃이라고도 한다. 잎은 어긋나고, 밑 부분이 잎집(엽초)처럼 되어 줄기를 감싼다. 줄기 끝에 작은 달걀만 한 꽃이 한 송이 달리는데, 꽃이 크고 아름다워서 무분별한 채취로 점차 사라지고 있다. 멸종위기종으로 희귀식물 목록에 올랐다.

○ 04.12

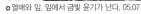

○ 열매와 잎. 잎에서 금빛 윤기가 난다. 05.07

○ 하얀 꽃잎이 굵고, 노란 꽃밥이 보인다. 04.23

홀아비꽃대 (홀아비꽃대과)

꽃이삭이 두 개인 꽃대와 달리, 꽃이삭이 하나라서 홀아비꽃대라 한다. 두 장씩 붙어 나는 잎이 가까이 있어 마치 네 장이 돌려난 것처럼 보인다. 옥녀꽃대와 비슷하나 국수 가락 같은 흰 꽃잎이 더 짧고 굵으며, 노란 꽃밥이 밖으로 보이고, 잎에 금빛 윤기가 도는 점이 다르다.

여러해살이풀

자라는 곳 산기슭
꽃 빛깔 흰빛
꽃 피는 때 4월 말~6월
크기 15~20cm

○05.01

○하얀 꽃잎이 가늘고, 노란 꽃밥이 보이지 않는다. 04.19

○열매와 잎. 잎에서 금빛 윤기가 나지 않는다. 05.31

여러해살이풀	
자라는 곳	중남부 지방 산기슭
꽃 빛깔	흰빛
꽃 피는 때	4~6월
크기	15~40cm

옥녀꽃대 (홀아비꽃대과)

거제도 옥녀봉에서 처음 채집·보고되었다고 옥녀꽃대다. 꽃이 짧은 국수 가락을 붙여 놓은 것 같은 모양으로 핀다. 두 장씩 마주나는 잎은 가까이 붙어 나서 네 장이 돌려난 것처럼 보인다. 노란 꽃밥이 겉으로 보이지 않고, 잎에서 금빛 윤기가 나지 않는 점이 홀아비꽃대와 다르다.

○04.01

○어린잎 03.27

○열매 04.15

미치광이풀 (가지과)

독성이 강해서 잘못 먹으면 미치광이가 된다고 붙은
이름으로. 독뿌리풀이라고도 한다. 굵은 뿌리줄기가
옆으로 뻗으면서 자라 무리짓는다. 잎겨드랑이에서
자줏빛을 띤 종 모양 꽃이 아래를 보고 핀다. 노란미
치광이풀은 노란꽃이 핀다.

○ 하얀 감자 꽃. 05.30

○ 자줏빛 감자 꽃. 05.24

○ 하얀 꽃 아래 달린 감자. 07.16

○ 자줏빛 꽃 아래 달린 감자. 06.15

여러해살이풀

자라는 곳 밭
꽃 빛깔 흰빛, 자줏빛
꽃 피는 때 5~6월
크기 60~100cm

감자 (가지과)

남아메리카 안데스 산맥이 원산지로, 조선 후기에 들어왔다. 흉년을 넘기는 구황작물로 강원도와 함경도에서 널리 재배된 뒤 전국으로 퍼졌다. 흰 꽃이 피면 보통 감자가 달리고, 자줏빛 꽃이 피면 자주감자가 달린다. 흔히 고구마처럼 뿌리로 알지만, 감자는 땅속줄기가 굵어진 것이다.

○자라는 모습. 04.27

○꽃 03.23

나도물통이(쐐기풀과)

작지만 물통이와 닮았다고 나도물통이다. 전체에 물기가 많다. 암수한그루로 곤충을 불러 모을 꽃잎이 없지만, 안쪽으로 말린 수꽃의 용수철 같은 수술이 튕기듯이 펼쳐지면서 꽃가루를 멀리 퍼뜨린다. 튕겨 나간 꽃가루는 바람을 타고 다른 암꽃에 날아가 꽃가루받이를 한다.

여러해살이풀

자라는 곳 산의 응달
꽃 빛깔 연한 풀빛, 자줏빛 도는 풀빛
꽃 피는 때 4~5월
크기 10~20cm

60

○04.29

○꽃 가까이 보기. 04.22

여러해살이풀

자라는 곳 산과 들
꽃 빛깔 흰빛
꽃 피는 때 4~7월
크기 10~25cm

제비꿀(단향과)

다른 식물의 뿌리에 반기생하는 식물이지만, 광합성을 할 수 있는 정상적인 이파리가 있다. 전체에 털이 없고, 분을 바른 듯한 풀빛이다. 잎이 가느다란 선 모양으로, 세 개씩 갈라지기도 한다. 별 모양 작은 꽃이 잎겨드랑이에 한 송이씩 달린다.

o 족도리풀. 잎에 얼룩무늬가 없다. 04.02

o 개족도리풀. 잎에 얼룩무늬가 있다. 04.08

o 족도리풀 열매. 05.22

족도리풀 (쥐방울덩굴과)

꽃이 옛날 혼례 때 새색시가 쓰던 족두리를 닮았다고
족도리풀이다. 족두리풀이라고도 한다. 뿌리줄기가
옆으로 뻗으며 마디에서 뿌리를 내린다. 잎은 보통 뿌
리줄기 마디에서 두 장씩 올라온다. 짙은 자줏빛 꽃이
땅 가까이에서 핀다. 매운맛이 나는 뿌리를 '세신'이라
하며, 약으로 쓴다.

여러해살이풀

자라는 곳 산의 숲 속
꽃 빛깔 검은 자줏빛
꽃 피는 때 4~5월
크기 30~60cm

○ 05.09

○ 뿌리잎. 붉은빛이 돈다. 04.03

○ 수꽃 크게 보기. 05.16

○ 암꽃과 열매. 06.02

여러해살이풀	
자라는 곳	들, 산기슭
꽃 빛깔	누런빛 도는 풀빛, 붉은빛
꽃 피는 때	5~6월
크기	30~80cm

수영 (마디풀과)

줄기와 잎을 먹으면 신맛이 나서 시금초, 맛이 싱아와 비슷해서 개싱아 혹은 괴싱아라고도 한다. 뿌리에서 잎이 모여 나고, 잎 사이에서 줄기가 길게 올라와 꽃이 핀다. 암수딴그루고, 뿌리는 약으로 쓴다. 유럽에서는 수영을 개량해 샐러드로 만들어 먹는다.

○05.04

○겨울 나는 모습. 01.12 ○잎. 신맛이 난다. 05.17

애기수영 (마디풀과)

잎과 꽃이 수영보다 작아서 애기수영이다. 유럽이 원
산지인 귀화식물이다. 여러 장 모여 나는 뿌리잎은 창
모양이다. 잎과 줄기는 신맛이 나고 나물로 먹을 수
있으나, 시금치처럼 수산이 함유되어 많이 먹으면 좋
지 않다. 잎아래(엽저) 있는 턱잎이 줄기를 감싼다.

여러해살이풀

자라는 곳 들이나 산의
풀밭
꽃 빛깔 붉은빛
꽃 피는 때 5~6월
크기 20~50cm

○ 05.15

○ 뿌리잎 04.01

○ 열매 06.18

여러해살이풀

자라는 곳 들이나
         길가의
         축축한 곳
꽃 빛깔 풀빛
꽃 피는 때 5~6월
크기 30~80cm

소리쟁이 (마디풀과)

열매가 익으면 바람에 부딪혀 소리가 난다고 소리쟁이다. 뿌리잎은 잎자루가 길고, 가장자리가 쭈글쭈글하다. 수영과 달리 잎이나 줄기를 뜯으면 미끈미끈하고, 신맛도 나지 않는다. 각이 지고 윤기 나는 열매는 밤빛으로 익고, 삼각뿔 모양 삼면에 하트가 새겨졌다. 잎을 나물해 먹는다.

○ 10.12

○ 싹 05.12

○ 열매 10.12

메밀 (마디풀과)

모밀, 뫼밀이라고도 한다. 척박한 땅에서 잘 자라고, 2~3개월 만에 수확할 수 있어서 구황작물로 널리 재배했다. 봄에 심는 여름 메밀과 여름에 심는 가을 메밀이 있다. 어린순은 나물로 먹고, 묵이나 국수 등 여러 가지 음식을 한다.

한해살이풀

자라는 곳 들
꽃 빛깔 흰빛
꽃 피는 때 7~10월
크기 60~90cm

o 점나도나물. 꽃자루가 길다. 05.01

o 유럽점나도나물. 꽃자루가 짧다. 04.12

o 점나도나물. 잎자루가 조금 길고 자줏빛이 돈다. 03.12

o 유럽점나도나물. 잎자루가 짧고, 전체가 풀빛이다. 11.16

두해살이풀

자라는 곳 밭이나 들
꽃 빛깔 흰빛
꽃 피는 때 4~7월
크기 15~25cm

점나도나물(석죽과)

전체에 털이 많고 자줏빛이 돌며, 꽃자루가 길다. 잎은 마주나고 잎자루가 짧지만, 유럽점나도나물보다 길다. 끝이 움푹 파인 꽃잎이 다섯 장이다. 꽃받침 둘레를 만지면 끈적끈적하다. 유럽점나도나물은 전체가 풀빛이고, 꽃자루가 짧아서 한데 뭉쳐 있는 것처럼 보인다.

○ 꽃. 암술머리가 3갈래다. 04.12

○ 어린잎 03.18

○ 잎. 줄기 위쪽에 털이 있다. 11.26

별꽃 (석죽과)

꽃이 별처럼 보인다고 별꽃이다. 꽃잎이 다섯 장인데,
깊게 파여서 열 장처럼 보인다. 꽃 가운데 있는 암술
머리는 세 갈래로 갈라진다. 아랫부분 잎은 잎자루가
있으나, 윗부분 잎은 잎자루가 없다. 줄기에 한 줄로
털이 있다. 꽃이 질 때는 아래로 처졌다가 열매가 익
으면 다시 위로 향한다.

두해살이풀
자라는 곳 길가나 들
꽃 빛깔 흰빛
꽃 피는 때 2~6월
크기 10~20cm

○꽃. 암술머리가 5갈래다. 05.09

○잎. 어린 줄기 위쪽에 털이 있다가 없어진다. 04.09

○가을 모습. 09.09

두해살이풀	
자라는 곳	길가나 들
꽃 빛깔	흰빛
꽃 피는 때	4~5월
크기	20~50cm

쇠별꽃 (석죽과)

우번루라는 일본 이름에서 쇠별꽃이 되었다. 전체는 별꽃보다 크지만, 꽃이 별보다 작아서 쇠별꽃이라고도 한다. 꽃잎 다섯 장이 깊게 파여서 열 장처럼 보인다. 암술머리가 다섯 갈래로 갈라진다. 잎은 아랫부분이 거꾸로 된 심장 모양이다. 어린 줄기 위쪽에 털이 한 줄 있는데, 자라면 없어진다.

○04.01

○싹. 뿌리가 드러난 모습. 03.21

○꽃 진 뒤에 넓어진 잎. 04.16

개별꽃 (석죽과)

꽃이 별꽃과 비슷해서 개별꽃이다. 하지만 자라는 모습이 다르고, 꽃잎 끝 부분이 살짝 파였다. 꽃자루에 털이 있다. 작은 인삼 모양 덩이뿌리가 달리는데, '태자삼'이라 하며 약으로 쓴다. 흙 가까운 곳에 제꽃가루받이 하는 닫힌꽃(폐쇄화)이 몇 송이 달린다.

여러해살이풀

자라는 곳 산의 숲 속
꽃 빛깔 흰빛
꽃 피는 때 3월 말~5월
크기 8~15cm

○큰개별꽃. 끝이 뾰족한 꽃잎이 5~7장. 꽃자루에 털이 없다. 04.22　　　　　○큰개별꽃 잎. 04.22

○덩굴개별꽃. 덩굴로 자란다. 05.01　　　　　○덩굴개별꽃 잎. 05.01

○05.23

○보도블록 틈에서 꽃 핀 모습. 09.25   ○보도블록 틈에서 자라는 어린 모습. 03.17

개미자리 (석죽과)

개미가 자주 찾는 식물이라고 개미자리다. 씨앗을 집
으로 물고 가서, 씨앗에 붙은 영양 물질인 엘라이오
솜만 먹고 버리면 그 자리에 싹이 터서 자란다. 도시
의 길바닥 틈에서도 흔히 자란다. 씨앗 표면에 돌기가
뚜렷하다. 큰개미자리보다 잎이 가늘고, 꽃잎이 성긴
편이다. 유럽개미자리는 잎끝이 가시로 변한다.

o 큰개미자리 05.20

o 갯개미자리. 잎에 털이 있고, 꽃잎 끝이 분홍빛이다. 04.05   o 유럽개미자리. 꽃잎 전체가 분홍빛이다. 05.17

○04.27

○가을 모습. 11.01

○이른 봄 모습. 04.12

벼룩나물(석죽과)

전체에 털이 없고, 밑 부분에서 가지가 많이 나온다. 갸름하고 반들반들한 잎이 마주난다. 꽃은 줄기 끝에 한 송이씩 핀다. 하얀 꽃잎이 다섯 장인데, 끝이 깊게 파여서 열 장처럼 보인다. 어린순은 나물로 먹는다.

두해살이풀
자라는 곳 빈 터나 논밭
꽃 빛깔 흰빛
꽃 피는 때 4~5월
크기 15~25cm

74

○ 04.27

○ 가을 모습. 11.18

○ 겨울 나는 모습. 02.26

두해살이풀	
자라는 곳	빈 터나 논밭
꽃 빛깔	흰빛
꽃 피는 때	4~5월
크기	15~25cm

벼룩이자리 (석죽과)

마주나는 잎은 둥글고 잎자루가 없으며, 줄기와 잎에 털이 많다. 꽃은 잎겨드랑이에 한 송이씩 달린다. 꽃 잎이 다섯 장이고, 끝이 파이지 않는다. 어린순은 나물로 먹는다.

○ 04.11

○ 잎 04.15

○ 자라는 모습. 04.17

개벼룩 (석죽과)

이름에 벼룩이 붙었지만, 벼룩나물이나 벼룩이자리보
다 잎과 꽃이 큰 편이다. 줄기는 가늘고 밑에서 가지
를 친다. 잎겨드랑이나 가지 끝에 꽃이 1~3송이 달린
다. 수술대 아래쪽에 실 같은 털이 있고, 잎과 줄기에
잔털도 많다.

여러해살이풀

자라는 곳 산지의 풀밭
꽃 빛깔 흰빛
꽃 피는 때 4~7월
크기 10~20cm

○작약. 꽃이 여러 가지 빛깔이고, 심어 가꾼다. 05.17

○백작약. 흰 꽃이 피고, 깊은 산에서 자란다. 04.04

○작약 어린잎. 04.15

○백작약 어린잎. 04.10

여러해살이풀

자라는 곳 밭이나 뜰
꽃 빛깔 흰빛, 붉은빛
꽃 피는 때 5~6월
크기 50~80cm

작약(미나리아재비과)

꽃이 크고 풍성해 함지박처럼 넉넉하다고 함박꽃이라고도 한다. 뿌리를 약으로 쓰기 위해 재배하거나, 꽃을 보기 위해 뜰에 심어 가꾼다. 씨방은 암술머리가 뒤로 젖혀진다. 비슷한 꽃이 피는 모란은 나무지만, 작약은 풀이다.

○ 복수초. 꽃받침 8장이 꽃잎과 길이가 비슷하다. 03.16

○ 가지복수초. 꽃받침 5장이 꽃잎보다 짧다. 03.26

○ 세복수초. 줄기 속이 비고, 꽃 필 때 잎이 무성하다. 03.18

복수초 (미나리아재비과)

복수초는 복 복(福)에 목숨 수(壽)를 써서, 복 받고 오래 살라는 뜻이 있는 이름이다. 이른 봄에 꽃망울을 터뜨리는 대표적인 꽃이다. 가끔 눈이나 얼음 사이에서 꽃이 핀 모습을 보고 얼음새꽃이라고도 한다. 복수초는 가지복수초와 달리 가지가 갈라지지 않는다. 개복수초는 가지복수초로 정리되었다.

여러해살이풀
자라는 곳 산의 숲 속
꽃 빛깔 노란빛
꽃 피는 때 2월 말~5월
크기 10~25cm

○ 03.28

○ 잎 03.22

○ 꽃봉오리 03.21

○ 열매 03.31

여러해살이풀

자라는 곳 산골짜기
꽃 빛깔 흰빛
꽃 피는 때 3월 말~5월
크기 10~25cm

꿩의바람꽃 (미나리아재비과)

꿩 소리가 들리는 산에서 봄바람이 불기 시작하면 꽃
이 핀다. 굵은 뿌리줄기가 옆으로 뻗으면서 무리지어
자란다. 꽃잎처럼 보이는 꽃받침잎은 8~13장이다. 흰
꽃의 뒷면은 연보랏빛이 돈다. 바람꽃 종류는 대부분
봄에 피지만, 바람꽃은 여름에 핀다.

○바람꽃. 여름에 핀다. 06.05

○나도바람꽃 04.13

○만주바람꽃 03.17

○너도바람꽃 03.13

○ 홀아비바람꽃 05.13

○ 회리바람꽃 05.12

○ 변산바람꽃 02.23

○ 들바람꽃 04.28

○05.02

○잎 05.02

○열매 07.11

모데미풀 (미나리아재비과)

우리나라 특산 식물로, 지리산 모데미 마을에서 처음
발견·채집되었다고 모데미풀이라 한다. 뿌리에서 꽃
줄기가 나와 끝에 꽃이 한 송이씩 핀다. 하얀 꽃잎처
럼 보이는 건 꽃받침이고, 꽃 아래 잎처럼 보이는 건
꽃을 받쳐 주는 모인꽃싸개잎(총포)이다.

여러해살이풀	
자라는 곳	깊은 산의 숲 속
꽃 빛깔	흰빛
꽃 피는 때	4~5월
크기	10~25cm

○ 동강할미꽃. 강원도 동강 주변에서 자란다. 04.05

○ 할미꽃 03.30

○ 할미꽃 열매. 04.27

여러해살이풀	
자라는 곳	양지쪽 풀밭
꽃 빛깔	붉은빛 도는 자줏빛
꽃 피는 때	3월 말~4월
크기	25~40cm

할미꽃 (미나리아재비과)

열매가 흰 털로 덮인 모습이 할머니 머리 같다고 할미꽃이다. 무덤가에서 잘 자라는데, 무덤을 쓸 때 흙이 단단해지라고 뿌리는 석회가 할미꽃이 좋아하는 성분이기 때문이다. 꽃줄기는 꽃봉오리를 매단 채 나오고, 꽃이 피면 고개를 숙인다. 잎과 줄기에 털이 많으며, 뿌리는 약으로 쓴다.

○ 노루귀 분홍 꽃. 03.15

○ 노루귀 흰 꽃. 03.05

○ 노루귀 청보랏빛 꽃. 03.14

○ 노루귀 잎. 03.30

노루귀 (미나리아재비과)

잎이 날 때 털이 뽀송뽀송한 모습이 노루의 귀를 닮았다고 노루귀다. 꽃받침 모양도 노루 귀를 닮았다. 대개 꽃이 잎보다 먼저 핀다. 잎에 무늬가 있는 것과 없는 것이 있다. 흰빛, 분홍빛, 푸른 보랏빛 꽃이 핀다.

여러해살이풀

자라는 곳 산의 숲 속
꽃 빛깔 분홍빛, 흰빛,
　　　　　푸른 보랏빛
꽃 피는 때 2월 말~4월
크기 꽃자루 길이
　　　　6~12cm

○ 개량된 매발톱 종류. 05.04

○ 하늘매발톱 04.18

○ 하늘매발톱 열매. 05.24

○ 하늘매발톱 싹. 03.18

여러해살이풀

자라는 곳 산의 숲 속
꽃 빛깔 붉은 자줏빛
꽃 피는 때 6~7월
크기 50~70cm

매발톱(미나리아재비과)

아래를 향해 핀 꽃의 뒤쪽으로 뻗은 긴 꽃뿔이 매의
발톱을 닮았다고 매발톱이다. 잎에는 털이 없고, 뒷면
은 분을 바른 듯 흰빛이 돈다. 높은 산에서 자라고 하
늘빛이 많이 도는 하늘매발톱, 누른빛을 띤 흰 꽃이
피는 노랑매발톱도 있다. 교잡이 쉬워서 다양한 빛깔
로 개량된 원예종이 많다.

○03.01

○잎 03.19

○열매 05.18

개구리발톱(미나리아재비과)

개구리가 겨울잠에서 깨어날 즈음 피고, 열매는 개구리 발가락을 닮았다. 하얀 꽃잎처럼 보이는 것은 꽃받침이고, 속에 연노란 꽃잎이 있어 꽃이 흰빛으로 보인다. 꽃은 고개를 숙이고 핀다. 뱀이나 벌레에 물렸을 때 잎을 찧어서 붙인다.

여러해살이풀

자라는 곳 산기슭
꽃 빛깔 흰빛
꽃 피는 때 3~5월
크기 10~30cm

○꽃 05.07

○꽃봉오리 04.07

○싹 03.09

여러해살이풀

자라는 곳 산의
숲 속 응달
꽃 빛깔 흰빛
꽃 피는 때 5~6월
크기 40~70cm

노루삼 (미나리아재비과)

숲 속의 나무 그늘 밑에서 자란다. 싹이 날 때 꽃봉오
리가 맺혀 굵직하게 올라온다. 꽃이 피면 꽃차례가 병
을 씻는 솔 모양이 되며, 열매는 까맣게 익는다. 열매
가 붉거나 희게 익는 것은 붉은노루삼이다.

o 미나리아재비. 키가 크고 위에서 가지가 많이 갈라진다. 06.04

o 미나리아재비 뿌리잎. 얼룩 점이 있다. 04.05

o 왜미나리아재비. 키가 작고 꽃도 작다. 04.26

미나리아재비 (미나리아재비과)

미나리와 비슷하다는 뜻으로 붙은 이름이지만, 미나
리와 달리 독초다. 줄기잎보다 덜 갈라진 뿌리잎은 언
뜻 보면 이질풀 뿌리잎과 비슷한데, 잎에 난 얼룩 점
이 불에 탄 듯 거무튀튀한 게 다르다. 많이 갈라지는
가지 끝마다 윤기 나는 꽃이 피며, 열매는 작은 별 사
탕 모양이다.

여러해살이풀

자라는 곳 산과 들의
축축한 곳
꽃 빛깔 노란빛
꽃 피는 때 5~6월
크기 30~70cm

○ 05.08

○ 꽃봉오리와 어린잎. 04.15

○ 열매. 익어서 벌어졌다. 06.04

여러해살이풀	
자라는 곳	산과 들의 습지
꽃 빛깔	노란빛
꽃 피는 때	4~5월
크기	40~50cm

동의나물 (미나리아재비과)

이름에 '나물'이 붙었지만, 독이 있어서 먹으면 안 된다. 뿌리에서 콩팥 모양 두꺼운 잎이 모여 나는데, 이것을 향긋한 곰취로 잘못 알고 먹어서 중독 사고가 더러 일어난다. 주로 산 속 습기 많은 곳에 자라며, 잎과 꽃에 윤기가 난다. 노란 꽃잎처럼 보이는 건 꽃받침조각이다.

○ 04.28

○잎 04.28

○열매 05.08

삼지구엽초 (매자나무과)

가지가 세 개로 갈라지고, 갈라진 가지마다 잎이 세 장씩 달려서 아홉 장이라고 삼지구엽초다. 줄기와 잎을 '음양곽'이라 해서 약으로 쓴다. 하지만 유독성인 미나리아재비과 꿩의다리속 식물도 줄기가 셋으로 갈라지고 잎이 아홉 장이라서 중독 사고가 종종 일어나니 조심해야 한다.

여러해살이풀

자라는 곳 산의 숲 속
꽃 빛깔 연노란빛
꽃 피는 때 4~5월
크기 20~30cm

o04.16

o싹 03.26

o열매 05.01

깽깽이풀 (매자나무과)

꽃이 먼저 피거나, 잎과 같이 피기도 한다. 처음 나는 잎은 불그레하며 점차 풀빛으로 변한다. 잎이 둥근데 끝 부분이 뜯긴 듯 보인다. 연꽃 잎처럼 잎에 떨어진 물방울이 또르르 굴러 떨어진다. 씨앗에 붙은 엘라이오솜으로 개미를 유인하여 씨앗을 퍼뜨린다. 노란색 뿌리는 '황련'이라는 한약재로 쓴다.

○잎 04.26

○05.02

한계령풀 (매자나무과)

설악산 한계령에서 처음 발견되어 한계령풀이라고 한
다. 주로 태백산 북쪽의 깊은 산에서 자란다. 잎이 하
나밖에 없는데, 아랫부분에서 세 개씩 두 번 갈라져
여러 장처럼 보인다. 뿌리가 땅 속 깊이 곧추 내려가
고, 그 끝에 감자처럼 생긴 덩이줄기가 달려서 메감자
라고도 한다.

여러해살이풀

자라는 곳 중부 지방
　　　　　　높은 산의
　　　　　　양지쪽
꽃 빛깔 노란빛
꽃 피는 때 5월
크기 30∼40cm

92

○04.29

○ 뿌리잎과 꽃봉오리. 04.21

○ 열매와 씨앗. 06.09

두해살이풀	
자라는 곳	숲 가장자리, 마을 근처 양지
꽃 빛깔	노란빛
꽃 피는 때	4월 말~8월
크기	30~80cm

애기똥풀(양귀비과)

줄기를 자르면 나오는 노란 액이 아기 똥을 닮았다고 애기똥풀이다. 노란 액에는 독성이 있어 초식동물들이 기피한다. 개미들이 씨앗을 집으로 물고 가서 지방산과 아미노산, 포도당이 풍부한 엘라이오솜을 먹고 버리면 거기에서 싹이 나 자란다. 줄기와 잎을 '백굴채'라는 한약재로 쓴다.

○ 꽃줄기에 잎이 달리지 않는다. 06.03

○ 열매 09.23

○ 꽃봉오리. 털이 없다. 06.03

매미꽃(양귀비과)

꽃과 잎이 피나물과 매우 비슷하다. 피나물 같은 황적색 액이 아니라 핏빛 액이 나온다. 꽃줄기와 잎이 따로 나고, 꽃봉오리에 털이 없으며, 꽃줄기 끝에 여러 송이가 시간을 두고 피고 지는 점이 피나물과 다르다. 유독성 식물이다.

여러해살이풀

자라는 곳 남부 지방의 숲 속
꽃 빛깔 노란빛
꽃 피는 때 6~7월
크기 20~40cm

○꽃줄기에 잎이 달린다. 04.20

○꽃봉오리. 털이 많다. 03.29

○열매 06.10

여러해살이풀
자라는 곳 산의 숲 속
꽃 빛깔 노란빛
꽃 피는 때 4~5월
크기 30cm 정도

피나물(양귀비과)

줄기를 자르면 나오는 액 때문에 피나물이라 하지만, 피처럼 붉은색은 아니고 주황색에 가깝다. 노랑매미 꽃이라고도 한다. 매미꽃과 달리 잎겨드랑이에서 꽃 대가 올라오고, 그 끝에 한 송이씩 꽃이 핀다. 꽃봉오 리에 털이 많은 점도 다르다. 어린순을 나물로 먹기도 했지만, 독이 강하니 먹지 않는 게 좋다.

○04.26

○잎 03.19

○열매가 염주 모양이다. 05.20

산괴불주머니 (현호색과)

괴불주머니 가운데 주로 산에서 자란다고 산괴불주
머니다. 괴불주머니는 복주머니를 장식하는 노리개의
우리 이름인데, 꽃이 괴불주머니를 닮아서 이런 이름
이 붙었다. 잎을 자르면 퀴퀴한 냄새가 나고, 열매는
염주괴불주머니처럼 한 줄로 배열된 염주 모양이다.

두해살이풀
자라는 곳 산의 축축한 곳
꽃 빛깔 노란빛
꽃 피는 때 4~6월
크기 30~50cm

◦ 염주괴불주머니. 입술 꽃잎이 좁다. 04.29

◦ 선괴불주머니. 열매가 긴 거꿀달걀꼴이다. 10.07

◦ 자주괴불주머니. 꽃이 자홍색이다. 04.24

◦ 자주괴불주머니 열매. 긴 타원형이다. 04.27

○꽃봉오리 03.05   ○03.25

현호색 (현호색과)

여러해살이풀

현호색은 괴불주머니 종류와 달리 땅 속에 작은 공
모양 덩이줄기가 있다. 산기슭 약간 습기 있는 곳에서
자라는데, 봄에 일찍 꽃을 피우고 재빨리 열매를 맺고
한살이를 정리한다. 꽃이 다양한 빛깔이고, 잎도 동
글동글하거나 길쭉하거나 잘게 갈라지는 등 변이가
많다. 독이 있는 덩이줄기를 약으로 쓴다.

자라는 곳 산의
축축한 곳
꽃 빛깔 보랏빛, 분홍빛,
하늘빛 등
꽃 피는 때 3월 말~5월
크기 20cm 정도

○ 남도현호색. 꽃이 작고, 흰색에 푸른 무늬가 있다. 04.04

○ 조선현호색. 꽃잎 가장자리가 울퉁불퉁하다. 03.31

○ 갈퀴현호색. 꽃받침 끝이 갈퀴 모양을 닮았다. 05.02

○ 들현호색. 잎에 자줏빛 무늬가 있다. 04.13

○ 04.25

○ 어린잎 04.09

○ 잎 04.13

금낭화 (현호색과)

꽃이 비단으로 만든 주머니를 닮았다고 금낭화라 하고, 며느리주머니라는 별명도 있다. 휜 줄기 끝에 납작한 주머니 모양 꽃이 조랑조랑 매달린다. 꽃 모양이 예뻐서 뜰이나 화분에 심어 가꾸기도 한다. 풀 전체를 타박상에 약으로 쓴다.

여러해살이풀

자라는 곳 산골짜기의 돌밭, 뜰
꽃 빛깔 붉은빛, 흰빛
꽃 피는 때 4~6월
크기 40~60cm

○갯무 06.27

○무 꽃. 05.18

○갯무 뿌리잎. 03.28

○갯무 열매. 06.09

한두해살이풀

자라는 곳 밭
꽃 빛깔 연보랏빛, 흰빛
꽃 피는 때 4~5월
크기 100cm 정도

갯무 (십자화과)

무를 닮았는데 갯가에서 자란다고 갯무다. 뿌리는 가늘고 딱딱하다. 잎은 무처럼 깃 모양으로 갈라진다. 전체에서 매운맛이 나는데, 익히면 매운맛이 없어진다. 꽃은 흰빛과 연보랏빛을 띤다. 무는 채소로 먹기 위해 밭에 심는다. 뿌리가 연하고 굵으며, 꽃이 갯무와 닮았다.

o 04.21

o 잎이 불그레한 종류. 02.26

o 잎에 빛깔이 섞인 종류. 03.30

갓 (십자화과)

매운맛이 나며, 김치를 담그거나 양념으로 쓴다. 이파리는 불그레한 것, 푸른 것, 그 중간 빛깔인 것도 있다. 빛깔에 따라 적색갓, 청색갓, 얼청갓이라 한다. 밭에 심어 가꾸는데, 들로 퍼져 나가 저절로 자라기도 한다.

두해살이풀

자라는 곳 밭이나 들
꽃 빛깔 노란빛
꽃 피는 때 4~6월
크기 100cm 정도

102

○ 05.04

○ 어린순 04.15

○ 열매 05.15

두해살이풀

자라는 곳 밭이나 들
꽃 빛깔 노란빛
꽃 피는 때 4~5월
크기 100cm 정도

유채 (십자화과)

씨로 기름을 짜는 채소라고 유채다. 유채 씨로 짠 기름을 채종유라 하며, 식용유로 쓰는 카놀라유도 유채 종류에서 짠 것이다. 요즘은 제주도와 남해안 지방에서 관광 상품으로 널리 심어 가꾼다. 겨울을 난 잎은 맛이 고소하고 들큼하여 봄나물로 인기가 있다. 그래서 별명이 겨울초, 월동초다.

○03.15

○ 뿌리잎 03.01

○ 열매 05.03

냉이 (십자화과)

꽃이 피기 전에 뿌리째 캐서 나물이나 국으로 먹는 대표적인 봄나물이다. 꽃이 피면 뿌리와 줄기가 억세져서 먹지 않는다. 잎 사이에서 꽃대가 쑥 올라와 하얀 꽃이 아래부터 핀다. 납작한 열매는 세모에 가까운 심장형이다.

두해살이풀

자라는 곳 들
꽃 빛깔 흰빛
꽃 피는 때 3~6월
크기 10~50cm

○ 황새냉이. 열매가 황새 다리처럼 길다. 04.24

○ 황새냉이 뿌리잎. 잎과 줄기에 털이 많다. 11.18

○ 장대냉이 꽃과 열매. 08.15

○ 장대냉이 뿌리잎. 별 모양 털이 있다. 08.10

○ 다닥냉이. 열매가 다닥다닥 달린다. 05.18

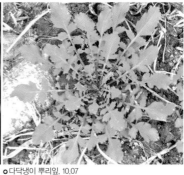

○ 다닥냉이 뿌리잎. 10.07

o 싸리냉이. 잎이 잘게 갈라진다. 05.02

o 싸리냉이 잎. 04.13

o 말냉이. 냉이보다 크고, 잎이 주걱 모양이다. 03.27

o 말냉이 뿌리잎. 03.16

o 미나리냉이. 잎은 미나리, 꽃은 냉이를 닮았다. 04.27

o 미나리냉이 잎. 03.29

106

○ 왜갓냉이 06.06

○ 왜갓냉이 뿌리잎. 05.23

○ 는쟁이냉이 05.15

○ 는쟁이냉이 뿌리잎. 03.01

○ 나도냉이, 노란 꽃이 핀다. 04.25

○ 나도냉이 뿌리잎. 04.26

○ 04.21

○ 뿌리잎 04.01

○ 열매 05.14

장대나물 (십자화과)

꽃줄기가 장대처럼 길게 올라오고, 어린순을 나물해 먹어서 장대나물이다. 깃대나물이라는 별명도 있다. 이름에 걸맞게 열매도 길다. 뿌리잎은 모여 나고, 잎 자루가 없다. 뿌리잎과 줄기 아래쪽 잎은 털이 있고, 줄기 위쪽 잎은 털이 없다. 뿌리잎과 줄기잎이 많이 다르게 생겼다.

두해살이풀

자라는 곳 들과 산의 양지쪽 풀밭
꽃 빛깔 흰빛
꽃 피는 때 4~6월
크기 40~100cm

○04.22

○뿌리잎 03.14

○어린순 04.16

재쑥 (십자화과)

이름에 '쑥'이 붙었지만 십자화과에 든다. 잎이 쑥보다 잘게 갈라지고, 전체에 털이 있다. 줄기에 어긋나는 잎은 잎자루가 없고, 깃꼴겹잎으로 2~3회 갈라진다. 줄기는 윗부분에서 많이 갈라지고, 줄기 끝에 연노란빛 꽃이 피며, 열매는 기다랗다. 어린순은 나물로 먹는다.

ㅇ뿌리잎 05.01   ㅇ05.15

개갓냉이 (십자화과)

갓 맛이 나며, 냉이처럼 달지 않고 맵싸해서 잘 먹지
않는다고 개갓냉이다. 뿌리잎은 새 깃 모양으로 갈라
지는 것도 있고, 갈라지지 않는 것도 있다. 노란 꽃이
아래에서 피어 올라가고, 길쭉한 열매는 바나나처럼
안으로 살짝 굽는다.

여러해살이풀

자라는 곳 들이나 논밭
꽃 빛깔 노란빛
꽃 피는 때 4~6월
크기 20~50cm

○ 좀개갓냉이. 열매자루가 짧다. 05.15

○ 좀개갓냉이 뿌리잎. 개갓냉이보다 잘게 갈라진다. 10.12

○ 속속이풀. 열매가 개갓냉이보다 짧다. 04.30

○ 속속이풀 뿌리잎. 10.18

개갓냉이
속속이풀
좀개갓냉이

○ 개갓냉이, 속속이풀, 좀개갓냉이 견주어 보기. 04.30

○ 04.01

○ 뿌리잎 03.25　　　　　　　　　　　○ 열매 04.20

꽃다지 (십자화과)

뿌리잎이 꽃 방석 모양으로 돌려나며, 잎과 줄기에 털이 많다. 잎 가운데나 잎겨드랑이에서 꽃대가 올라와 꽃이 피기 시작하면서 꽃대가 쑥 길어진다. 열매는 구둣주걱 모양이며, 어린잎은 나물로 먹는다.

<table>
<tr><th colspan="2">두해살이풀</th></tr>
<tr><td>자라는 곳</td><td>들</td></tr>
<tr><td>꽃 빛깔</td><td>노란빛</td></tr>
<tr><td>꽃 피는 때</td><td>3~5월</td></tr>
<tr><td>크기</td><td>10~25cm</td></tr>
</table>

○05.03

○꽃봉오리 03.26

○단풍 든 잎. 10.20

여러해살이풀

자라는 곳 산의 개울가
바위 틈
꽃 빛깔 흰빛
꽃 피는 때 5~6월
크기 30cm 정도

돌단풍(범의귀과)

잎이 단풍잎 모양을 닮았고, 바위 틈에서 자란다고
돌단풍이다. 단풍 든 모습도 단풍잎과 비슷하다. 잎
이 나올 때 꽃줄기도 같이 올라오며, 꽃은 꽃줄기 끝
에 촘촘히 모여 달린다.

○03.19

○열매 04.06

○자란 잎. 06.13

흰괭이눈 (범의귀과)

여러해살이풀

전체에 흰 털이 많아 흰털괭이눈으로 불렀으나, 흰괭이눈으로 정리되었다. 괭이눈 가운데 꽃이 큰 편이다. 괭이눈 종류는 꽃이 필 때 곤충을 꾀려고 꽃 주변의 잎을 노랗게 하여 꽃처럼 보이는데, 꽃이 지면 녹색으로 돌아간다. 열매는 불그레하게 익는다.

자라는 곳 산골짝의 축축한 곳
꽃 빛깔 연노란빛
꽃 피는 때 3~6월
크기 3~10cm

114

○ 선괭이눈. 털이 없고, 잎이 마주난다. 04.13

○ 금괭이눈. 꽃 둘레 노란색이 짙고 넓다. 04.28

○ 산괭이눈. 노란 꽃받침이 장미꽃처럼 젖혀진다. 03.26

○ 애기괭이눈. 잎이 깊게 파인다. 04.26

115

o 04.12

o 꽃받침 04.01

양지꽃   뱀딸기
o 양지꽃, 뱀딸기 잎 견주어 보기. 03.10

양지꽃 (장미과)

양지쪽에서 잘 자란다고 양지꽃이다. 작은잎이 5~13장 달린다. 줄기가 뿌리에서 모여 나고, 꽃대 하나에 꽃이 여러 송이 핀다. 꽃받침이 꽃보다 작으며, 꽃받침 갈래와 부꽃받침 갈래 모두 끝이 뾰족하다.

여러해살이풀

자라는 곳 산과 들의 양지쪽 풀밭
꽃 빛깔 노란빛
꽃 피는 때 3~7월
크기 30~50cm

o 돌양지꽃. 높은 산 바위(돌) 틈에서 자란다. 07.17

o 세잎양지꽃. 작은잎이 3장이다. 05.06

o 민눈양지꽃. 작은잎이 3장이고, 거친 톱니가 있다. 04.20

o 솜양지꽃. 잎 뒷면에 솜털이 많아 뽀얗다. 05.28

○ 08.23

○ 꽃받침 06.05　　　　　　　　○ 열매 06.05

뱀딸기 (장미과)

뱀이 다닐 법한 풀숲에서 자라며, 줄기가 뱀처럼 기면
서 자란다고 뱀딸기라 한다. 작은잎이 세 장이다. 양
지꽃에 견주면 꽃받침이 꽃보다 크며, 꽃대 하나에 꽃
이 한 송이씩 달린다. 꽃받침 갈래는 뾰족하고, 부꽃
받침 갈래는 둥글고 끝이 갈라진다.

여러해살이풀

자라는 곳 풀숲, 길가
꽃 빛깔 노란빛
꽃 피는 때 4~7월
크기 열매 지름
　　　 1cm 정도

○잎 04.27

○05.04

여러해살이풀

자라는 곳 습기가 약간
있는 곳
꽃 빛깔 노란빛
꽃 피는 때 5~7월
크기 20~60cm

가락지나물(장미과)

작은잎이 다섯 장인데, 꽃이 피면 손에 가락지를 낀 것 같다고 가락지나물이다. 어린순은 나물로 먹는다. 뿌리에서 난 잎은 작은잎 다섯 장이 모여 달리지만, 줄기에서 난 잎은 작은잎이 세 장씩 모여 달린다. 습기가 약간 있는 곳에서 자라는 여러해살이풀이다.

119

○ 개소시랑개비. 꽃잎이 성기다. 05.28

○ 좀개소시랑개비. 꽃잎이 아주 작고, 털이 많다. 05.03

○ 개소시랑개비 잎. 털이 적다. 11.01

○ 좀개소시랑개비 잎. 털이 많다. 04.11

개소시랑개비 (장미과)

들의 축축한 곳에 잘 자란다. 줄기는 비스듬히 자라
다가 곧추선다. 별명이 소시랑개비인 양지꽃과 비슷
해 보이지만, 꽃이 더 작고 꽃잎이 성기게 달린다. 어
린 싹은 나물로 먹는다. 좀개소시랑개비는 혀꽃부리
가 작고, 잎이 잘게 갈라지며, 털이 많다.

여러해살이풀

자라는 곳 들
꽃 빛깔 노란빛
꽃 피는 때 4~7월
크기 20~50cm

o 딱지꽃 06.22

o 딱지꽃. 작은잎이 15~29장이다. 06.22

o 원산딱지꽃 잎. 작은잎이 7~13장이다. 07.12

딱지꽃 (장미과)

꽃은 양지꽃과 비슷한데, 작은잎이 새 깃처럼 갈라진
다. 잎은 작은잎 15~29장이 마주난다. 잎 앞면에는
털이 없고, 뒷면에 솜털이 빽빽하다. 잎을 만지면 부
드럽다. 털딱지꽃은 잎 앞면까지 털이 있고, 원산딱지
꽃은 작은잎이 7~13장이다.

121

○ 04.12

○ 겨울 나는 잎. 12.06

○ 열매 04.29

자운영 (콩과)

무리지어 피면 자줏빛 구름 같은 꽃이라고 자운영이
다. 쇠꼴로 들여와 가꾸던 것이 퍼져, 들에서 저절로
자란다. 뿌리에 공생하는 뿌리혹박테리아가 공기 중
의 질소를 빨아들여 땅을 기름지게 하여 풋거름으로
쓴다. 꽃을 보기 위해 심어 가꾸기도 한다. 어린순은
나물로 먹는다.

여러해살이풀

자라는 곳 들
꽃 빛깔 자줏빛
꽃 피는 때 4~5월
크기 10~25cm

○ 벌노랑이. 꽃이 1~3송이 핀다. 05.14

○ 털 없이 매끈한 벌노랑이 잎. 05.17

○ 벌노랑이 열매. 05.15

○ 서양벌노랑이. 꽃이 3~7송이다. 07.01

여러해살이풀	
자라는 곳	산과 들의 풀밭
꽃 빛깔	노란빛
꽃 피는 때	5~7월
크기	30cm 정도

벌노랑이 (콩과)

노란 꽃 모양이 꿀 찾아온 벌을 닮아서, 벌판에 핀 노란 꽃이라는 뜻으로 벌노랑이다. 줄기 하나에 꽃이 1~3송이 피고, 잎은 깃 모양이다. 작은잎이 다섯 장인데, 두 장은 줄기에 턱잎처럼 붙고, 세 장은 잎끝에 모여 난다. 기다란 원통형 꼬투리 열매가 달린다. 약이나 사료용으로 쓴다.

○ 토끼풀. 흰 꽃이 핀다. 05.15

○ 노랑토끼풀. 노란 꽃이 핀다. 05.08

○ 붉은토끼풀. 붉은 꽃이 핀다. 05.28

○ 선토끼풀. 줄기가 서고, 연붉은색 꽃이 핀다. 05.26

토끼풀 (콩과)

토끼가 잘 먹어서 토끼풀이다. 흔히 클로버라고 한다.
줄기가 땅을 기면서 가지를 친다. 잎자루 끝에 작은
잎이 세 장 붙는다. 더러 네 장 이상 달리는 잎도 있
는데, 행운의 상징이라고 사람들이 좋아한다. 하지만
실제로는 생태적 교란으로 생장점에 변화가 생겨 일
시적으로 발생한 기형일 뿐이다.

여러해살이풀

자라는 곳 들, 산의
풀밭
꽃 빛깔 흰빛
꽃 피는 때 5~7월
크기 15~25cm

124

○06.30

○잎 05.04

○열매 08.13

여러해살이풀	
자라는 곳	산기슭, 들의 풀밭
꽃 빛깔	연노란빛
꽃 피는 때	5월 말~8월
크기	80~100cm

고삼 (콩과)

도둑놈의지팡이라고도 한다. 뿌리를 약으로 사용하는데, 아주 쓰고 인삼 같은 효능이 있다고 해서 고삼이라 한다. 전체에 짧고 노란 털이 있고, 뿌리가 굵다. 잎은 아까시나무 잎 모양으로 난다. 열매는 긴 원통형인데, 익으면 씨와 씨 사이가 염주 모양으로 잘록하게 들어간다.

○ 갈퀴나물. 작은잎이 5~8쌍이다. 07.14

○ 갈퀴나물 어린잎. 04.14

○ 각시갈퀴나물. 작은잎이 10쌍 안팎이다. 05.22

갈퀴나물 (콩과)

잎 모양이 검불을 긁어모으는 갈퀴를 닮았고, 나물해
먹는다고 갈퀴나물이다. 덩굴손이 갈퀴를 닮아서 갈
퀴나물이라는 말도 있다. 작은잎이 5~8쌍이고, 잎끝
에 있는 덩굴손으로 다른 물체를 감으며 자라는 덩굴
성 식물이다. 말너울풀, 말굴레풀이라는 별명도 있다.
각시갈퀴나물은 줄기에 털이 없거나 드물다.

여러해살이풀	
자라는 곳	들이나 산기슭
꽃 빛깔	자줏빛
꽃 피는 때	6~9월
크기	100~200cm

ㅇ 나래완두. 작은잎이 2~6쌍이다. 05.03

ㅇ 광릉갈퀴. 작은잎이 3~7쌍이다. 07.27

ㅇ 등갈퀴나물. 작은잎이 8~12쌍이다. 06.15

ㅇ 노랑갈퀴. 잎 가장자리가 쭈글쭈글하다. 05.16

○ 잎 04.13

○ 꽃 05.15

○ 열매 06.08

갈퀴덩굴 (꼭두서니과)

덩굴성으로 자라고, 전체에 가시같이 딱딱한 갈고리
모양 털이 있어서 갈퀴를 닮았다고 갈퀴덩굴이다. 덩
굴 가까이 가면 살갗이 긁히거나, 열매가 옷에 잘 달
라붙는다. 잎겨드랑이에서 네 갈래로 갈라지고 풀빛
섞인 노란 꽃이 피며, 열매는 두 개가 붙어 있다.

두해살이풀

자라는 곳 길가나
빈 터
꽃 빛깔 풀빛 섞인
노란빛
꽃 피는 때 4~6월
크기 10~90cm

○ 완두. 흰 꽃이 핀다. 04.27

○ 붉은완두. 붉은 꽃이 핀다. 05.06

○ 완두 열매. 05.18

완두(콩과)

한두해살이풀

자라는 곳 밭
꽃 빛깔 흰빛
꽃 피는 때 4~5월
크기 50~100cm

멘델의 유전 실험으로 유명해진 완두는 원산지가 유럽이며, 완두콩을 얻기 위해 밭에 심는다. 늦가을에 심으면 싹이 난 채로 겨울을 나고, 봄에 꽃줄기마다 흰 꽃이 1~2송이씩 핀다. 봄에 심은 건 초여름에 꽃이 핀다. 대개 풋콩을 쌀과 함께 안쳐서 밥을 해 먹는다. 붉은완두는 붉은 꽃이 핀다.

129

o 05.15

o 싹 11.06

o 꽃 04.27

o 열매 05.08

얼치기완두 (콩과)

새완두와 살갈퀴의 중간형이라고 얼치기완두다. 전체
가 작기도 하지만, 콩과 식물 가운데 꽃이 가장 작은
것으로 새완두와 어금버금하다. 보통 덩굴손이 갈라
지지 않고 한 줄이며, 열매에 털이 없고, 꽃이 1~2송
이 피고, 꽃잎에 보랏빛 핏줄 무늬가 있다.

두해살이풀

자라는 곳 산기슭, 들,
빈 터
꽃 빛깔 연한 자줏빛
꽃 피는 때 4~6월
크기 30~60cm

o 새완두. 덩굴손이 갈라졌다. 05.15

o 새완두 열매. 겉에 털이 많다. 05.15

o 살갈퀴. 꽃이 잎겨드랑이에 붙어 핀다. 04.14

o 살갈퀴 열매. 05.06

131

○ 05.16

○ 열매 06.09

○ 완두 닮은 열매. 06.09

갯완두 (콩과)

여러해살이풀

갯가에 자라는 완두라고 갯완두다. 뿌리줄기가 가지를 치며 자라 무리짓는다. 모가 난 줄기는 비스듬히 눕는다. 잎은 어긋나고, 작은잎이 3~6쌍이며, 분백색이 돈다. 잎끝에는 덩굴손이 있다. 잎겨드랑이에서 나온 꽃줄기 끝에 꽃이 여러 송이 달린다. 꼬투리 열매에 씨가 3~5개 있다.

자라는 곳 바닷가
　　　　　 모래땅
꽃 빛깔 자줏빛
꽃 피는 때 5~6월
크기 20~60cm

ㅇ 잔개자리. 줄기에 털이 많다. 06.29

ㅇ 개자리. 털이 거의 없고, 열매에 갈고리형 털이 있다. 04.15

ㅇ 자주개자리 05.27

ㅇ 자주개자리. 꽃이 여러 가지 빛깔이다. 06.16

두해살이풀

자라는 곳 들
꽃 빛깔 노란빛
꽃 피는 때 5~7월
크기 50cm 정도

잔개자리 (콩과)

개자리 중에서도 자잘하다고 잔개자리다. 4~8송이가 모여 피는 개자리와 달리, 잔개자리는 작은 꽃 10~30송이가 모여 콩알만 한 꽃송이가 된다. 원산지는 유럽이며, 먹이풀로 심던 것이 퍼져 자란다. 전체에 털이 있고, 작은잎이 세 장씩 달린다. 꼬투리 열매는 반 바퀴 정도 말려서 콩팥 모양이 된다.

○ 05.04

○ 잎 09.03

○ 열매 06.07

괭이밥 (괭이밥과)

고양이가 배가 아프거나 소화가 안 될 때 뜯어 먹는
다고 괭이밥이다. 새콤한 맛이 나는 잎에 있는 옥살
산이 소화를 돕는다. 줄기가 비스듬히 기며, 노란 꽃
이 핀다. 토끼풀로 착각하기 쉽지만, 작은잎이 둥글지
않고 심장 모양이다. 꽃과 잎에 붉은빛이 도는 개체
도 있다.

여러해살이풀	
자라는 곳	길가나 빈 터
꽃 빛깔	노란빛
꽃 피는 때	4~9월
크기	10~30cm

ㅇ붉은괭이밥은 괭이밥에 통합되었다. 05.07

ㅇ선괭이밥. 줄기가 곧게 선다. 05.18

ㅇ큰괭이밥. 잎끝을 반듯하게 자른 것 같고, 흰 꽃이 핀다. 03.27

ㅇ애기괭이밥. 깊은 산에서 자라고, 흰 꽃이 핀다. 05.02

ㅇ덩이괭이밥. 덩이 모양 땅속줄기가 있다. 05.07

○ 05.18

○ 잎 04.11

○ 열매 05.27

백선 (운향과)

약으로 쓰는 하얀 뿌리에서 나는 향기가 생선 냄새와
비슷하다고 한약재 이름으로 백선(白鮮)이라 한다. 잎
가장자리에 기름샘이 있어 건드리면 독특한 냄새가
난다. 꽃잎은 다섯 장으로, 흰 바탕에 붉은 줄무늬가
선명하다. 암술과 수술이 꽃 밖으로 길게 뻗어 나온
다. 산호랑나비 애벌레의 먹이식물이다.

여러해살이풀	
자라는 곳	산기슭이나 숲 속
꽃 빛깔	흰빛에 붉은 줄무늬
꽃 피는 때	5~6월
크기	60~90cm

136

ㅇ꽃봉오리 04.15

ㅇ열매 07.24

여러해살이풀

자라는 곳 산기슭의
양지바른
풀밭
꽃 빛깔 자줏빛
꽃 피는 때 4~5월
크기 길이 20cm

애기풀 (원지과)

작고 귀여워서 애기풀이다. 뿌리에서 여러 개 올라온
줄기는 눕거나 곧추선다. 꽃잎처럼 보이는 것은 꽃받
침이고, 꽃술처럼 작게 갈라져 송아리를 이룬 것이 꽃
잎이다. 열매는 동글납작하고 위쪽이 움푹 들어갔다.
씨앗에 엘라이오솜이 있어 개미가 물고 가서 번식시
킨다.

○04.08

○잎 03.06

○꽃과 열매. 04.27

등대풀(대극과)

줄기 끝에 술잔 모양 꽃이 여러 송이 핀 모습이 등잔
을 등잔걸이에 올려놓은 것 같다고 등대풀이며, 일본
이름 등대초와 잇닿아 있다. 대극이나 개감수에 견주
면 전체적으로 둥근 느낌이다. 대극과 식물답게 줄기
나 잎을 자르면 독성이 있는 흰 액이 나오는데, 사포
닌 성분 때문에 약으로 쓴다.

두해살이풀	
자라는 곳	들. 빈 터
꽃 빛깔	노란빛 도는 풀빛
꽃 피는 때	5월
크기	25~35cm

○ 갓 꽃이 핀 모습. 03.30

○ 꽃이 활짝 핀 모습. 04.05

여러해살이풀

자라는 곳 산과 들
꽃 빛깔 풀빛 띠는
노란빛
꽃 피는 때 4~7월
크기 20~40cm

개감수 (대극과)

감수라는 한약재와 비슷한 약효가 있다고 개감수라 한다. 싹이 날 때 잎과 줄기가 붉다. 잎과 줄기를 자르면 독이 있는 흰 액이 나온다. 줄기가 다섯 개로 갈라지고, 갈라진 가지는 다시 두 개씩 갈라지면서 꽃이 핀다. 초승달 모양 꿀주머니(거) 4~5개가 합쳐져서 둥글게 변한 모습이 특이하다.

○ 06.18

대극 (대극과)

여러해살이풀

자라는 곳 산과 들
꽃 빛깔 노란빛
꽃 피는 때 6월
크기 20~80cm

시원하게 뻗은 줄기와 날렵한 잎이 어우러진 모습이
큰 창 같다고 한약재 이름으로 대극이다. 줄기를 자
르면 독이 있는 흰 액이 나오는 것은 개감수나 등대
풀과 같지만, 잎이 버들잎처럼 날렵하다. 버들잎을 닮
았고, 옻나무처럼 액이 나와서 버들옻이라고도 한다.
열매에 돌기가 있다.

○대극 잎. 04.24

○대극 꽃과 열매. 06.09

○두메대극. 키가 작고, 깔려서 자란다. 06.20

141

○05.01

제비꽃 (제비꽃과)

봄에 제비가 날아올 무렵에 핀다고 제비꽃이다. 기다
란 꿀주머니가 오랑캐의 머리 모양을 닮았다고 오랑
캐꽃, 작고 귀여워서 병아리꽃, 꽃반지를 만들어 놀아
서 반지꽃, 꽃을 걸어 당기는 놀이를 해서 씨름꽃 같
은 별명이 있다. 수십 가지 제비꽃 가운데 흔한 편이
며, 잎자루에 날개가 있다.

여러해살이풀

자라는 곳 들이나
　　　　　 낮은 산자락,
　　　　　 빈 터
꽃 빛깔 자줏빛
꽃 피는 때 4~5월
크기 5~20cm

○ 고깔제비꽃. 잎이 고깔 모양이다. 04.10

○ 낚시제비꽃. 원줄기가 있고, 잎이 심장 모양이다. 04.06

○ 남산제비꽃. 잎이 잘게 갈라지고, 꽃 향기가 짙다. 04.10

○ 노랑제비꽃. 노란 꽃이 피고, 원줄기가 있다. 04.11

○ 단풍제비꽃. 잎이 단풍잎 모양이다. 03.29

○ 둥근털제비꽃. 잎이 둥근 심장 모양이고, 털이 많다. 04.28

○ 민둥뫼제비꽃. 잎에 털이 거의 없다. 03.28

○ 알록제비꽃. 잎에 알록달록 무늬가 있다. 04.02

○ 왜제비꽃. 잎이 긴 심장 모양이다. 04.14

○ 잔털제비꽃. 흰 꽃이 피고, 털이 많다. 03.30

○ 졸방제비꽃. 원줄기가 있고, 잎끝이 뾰족하다. 04.25

○ 콩제비꽃. 잎이 콩팥 모양이다. 04.26

o 털제비꽃. 잎과 줄기에 털이 많다. 04.12

o 호제비꽃. 제비꽃을 닮았는데, 잎자루에 날개가 없다. 04.11

o 흰젖제비꽃. 잎아래가 귓불처럼 늘어진다. 04.12

o 흰제비꽃. 잎아래가 늘어지지 않는다. 04.14

o 종지나물. 어린잎이 종지 모양이다. 04.14

o 삼색제비꽃. 팬지라고도 한다. 06.25

○ 06.27

○ 어린잎 02.27

○ 열매 07.12

사상자 (산형과)

두해살이풀

자라는 곳 들이나
낮은 산자락
꽃 빛깔 흰빛
꽃 피는 때 6~8월
크기 30~70cm

뱀이 나올 만한 곳에 자란다. 뱀도랏이라고도 한다.
꽃줄기에서 나온 작은 꽃대 끝에 열매 4~10개가 빽
빽하게 달린다. 개사상자는 작은 꽃대가 열매 길이만
하고, 열매 3~6개가 성기게 달리며, 자줏빛이 돈다.
짧고 가시 같은 털이 있어 잘 달라붙는다.

o 개사상자 05.06

o 개사상자 열매. 사상자보다 갸름하고, 돌기가 있다. 05.31

o 벌사상자 꽃. 다른 사상자보다 크고 소담하다. 06.08

o 벌사상자 열매. 세로 능선이 10개 정도 있다. 06.08

○ 긴사상자. 어린잎에 털이 많다. 05.10

○ 긴사상자 열매. 열매가 길다. 05.15

○ 갯사상자. 갯가에 자란다. 08.16

○ 갯사상자 열매. 10.12

○ 05.05

○ 겨울을 나는 뿌리잎. 02.19

○ 열매. 약으로 쓴다. 05.22

고수 (산형과)

한두해살이풀

자라는 곳 밭
꽃 빛깔 흰빛
꽃 피는 때 6~7월
크기 30~60cm

잎이나 줄기를 뜯으면 노린재를 만졌을 때와 비슷한 냄새가 난다. 줄기잎은 뿌리잎과 달리 실처럼 가늘게 갈라진다. 향신료로 쓰기 위해 밭에서 가꾸며, 주로 절에서 많이 심는다. 잎은 채소로, 씨는 향료나 약으로 쓴다. 꽃은 기다란 혀 모양 꽃잎과 오므린 작은 꽃잎이 따로 있다.

149

○04.06

○잎 04.06

○꽃봉오리 04.06

애기참반디 (산형과)

참반디와 닮았지만 키가 작고 잎도 작아서 애기참반디다. 뿌리줄기는 굵고 짧다. 뿌리잎은 세 개로 갈라지고, 양쪽 작은잎이 다시 두 개로 갈라져 다섯 갈래처럼 보인다. 줄기잎은 잎자루가 없고, 뿌리잎보다 작다. 붉은참반디는 붉은 꽃이 핀다.

여러해살이풀
자라는 곳 숲 속
꽃 빛깔 풀빛 도는 연노란빛
꽃 피는 때 4~5월
크기 8~20cm

o 붉은참반디. 붉은 꽃이 핀다. 04.11

o 붉은참반디. 꽃 진 뒤 모습. 07.27

151

○ 04.06

○ 잎. 털이 많다. 04.01

○ 열매 04.28

앵초 (앵초과)

잎과 줄기에 털이 많고, 오돌토돌한 잎 가장자리에
물결무늬 주름이 있다. 꽃잎이 다섯 장처럼 보이지만
통꽃이다. 외국에서는 열쇠꽃이라는 별명으로도 부른
다. 꽃이 고와서 원예용으로 많이 개량되었는데, 봄에
잘 팔리는 프리뮬러 종류가 대표적이다.

여러해살이풀

자라는 곳 산기슭
꽃 빛깔 분홍빛이 도는
보랏빛
꽃 피는 때 4~5월
크기 15~40m

o 설앵초. 높은 산에 자라고, 잎 뒷면이 뽀얗다. 04.30

o 설앵초 잎과 꽃봉오리. 04.23

o 큰앵초. 키가 크고, 진분홍 꽃이 핀다. 05.25

o 큰앵초 어린잎. 잎이 크고 둥글다. 05.03

○04.14

○뿌리잎 11.09

○열매 05.20

봄맞이(앵초과)

완연한 봄이 왔을 때 피는 꽃이라고 봄맞이다. 사람들이 두꺼운 옷을 벗고 봄나들이 할 4월쯤 핀다. 뿌리잎은 꽃 방석 모양으로 겨울을 나고, 봄에 잎 사이에서 가느다란 꽃줄기가 올라와 거꾸로 된 우산살 모양으로 꽃이 핀다. 열매는 방패 모양이다.

두해살이풀

자라는 곳 들이나
산기슭의
풀밭
꽃 빛깔 흰빛
꽃 피는 때 4~5월
크기 10~20cm

154

○애기봄맞이. 작고 꽃잎 끝이 뾰족하다. 04.08

○애기봄맞이 뿌리잎. 반들반들 윤이 난다. 02.25

○금강봄맞이. 높은 산 바위 틈에서 자란다. 06.06

155

○ 05.25

○ 겨울을 난 잎. 03.21

○ 열매 06.11

좀가지풀 (앵초과)

풀밭에서 흔히 볼 수 있는 작은 꽃으로, 바닥을 기면서 자란다. 조그만 열매가 원예용 둥근 가지처럼 생겨서 좀가지풀이고, 가지와는 전혀 상관없다. 꽃받침에 싸인 열매에는 암술대가 그대로 있다. 겨울을 나는 잎은 광합성을 잘 못 해서 발그레하다.

여러해살이풀

자라는 곳 풀밭
꽃 빛깔 노란빛
꽃 피는 때 5~6월
크기 7~20cm

○04.20

여러해살이풀

자라는 곳 화단, 화분
꽃 빛깔 연한 청보랏빛
꽃 피는 때 4~6월
크기 30~100cm

빈카(협죽도과)

원예용으로 들여온 여러해살이 늘푸른덩굴풀이다. 꽃이 마삭줄처럼 바람개비 모양이지만, 흰색이 아니라 연한 청보랏빛이다. 잎이 반들반들하고, 그늘에 심거나 포기를 나눠 심어도 잘 자란다. 잎 중간이나 가장자리에 무늬가 들어간 것도 있다.

○ 05.23

○ 뿌리잎. 겨울을 난다. 12.02

○ 꽃받침통이 꽃을 2분의 1 정도 싼다. 05.16

구슬붕이(용담과)

두해살이풀

꽃이 용담을 닮아 작은 용담이라는 뜻으로 소용담이
라고도 한다. 뿌리잎이 있고, 잎과 줄기에 초록빛이
돈다. 다섯 갈래로 갈라진 꽃잎 사이에 작은 꽃잎 같
은 부화관이 매끈하다. 봄구슬붕이는 부화관에 톱니
가 있고, 큰구슬붕이는 자줏빛이 돌며 뿌리잎이 없다.

자라는 곳 양지바른
풀밭
꽃 빛깔 연보랏빛,
하늘빛
꽃 피는 때 5~6월
크기 2~10cm

158

○ 봄구슬붕이. 꽃받침통이 꽃을 3분의 1 정도 싼다. 04.09

○ 봄구슬붕이 뿌리잎. 03.10

○ 큰구슬붕이. 잎과 줄기에 자줏빛이 돈다. 04.13

○ 큰구슬붕이 잎. 겨울을 나고, 뿌리잎이 없다. 03.09

○ 05.31

백미꽃 (박주가리과)

여러해살이풀

자라는 곳 산과 들의
풀밭
꽃 빛깔 검은 자줏빛
꽃 피는 때 5~7월
크기 50cm 정도

이 식물의 뿌리를 한약재로 백미라고 하는 데서 그 이
름이 유래되었다. 뿌리가 가늘고, 흰 국수 가락처럼
생겼다. 잎과 줄기에 털이 많고, 상처를 내면 흰 액이
나온다. 검은 자줏빛을 띤 꽃이 잎겨드랑이에 산형꽃
차례로 달린다. 꽃은 다섯 갈래로 깊게 갈라진 통꽃
이다.

160

ㅇ민백미꽃. 꽃이 희다. 05.18

ㅇ선백미꽃. 줄기가 서고, 노란 풀빛 꽃이 핀다. 07.12

ㅇ민백미꽃 어린잎. 05.01

ㅇ민백미꽃 열매. 07.12

o꽃마리 04.30

o꽃마리 뿌리잎. 03.29 　　o꽃마리 04.30 　　o꽃받이 05.01

꽃마리 (지치과)

꽃이 필 때 꽃차례가 또르르 말려 있다고 꽃말이라
하다가 꽃마리가 되었다. 뿌리잎은 꽃 방석 모양으로
겨울을 난다. 하늘빛 꽃 속에 노란 동그라미 무늬가
있고, 잎끝이 둥글다. 참꽃마리와 덩굴꽃마리에 견주
면 잎이나 꽃이 훨씬 작다.

○참꽃마리. 잎겨드랑이나 줄기에서 꽃대가 하나씩 올라온다. 05.23

●참꽃마리 싹. 04.23

○참꽃마리 잎. 05.23

163

○덩굴꽃마리. 줄기 끝에 꽃이 여러 송이 핀다. 04.17

○덩굴꽃마리 싹. 03.29

○덩굴꽃마리 잎. 꽃이 지고 나서 덩굴이 진다. 04.15

o 05.09

o 뿌리잎 11.16

o 잎 04.03

두해살이풀

자라는 곳 밭이나 들
꽃 빛깔 연한 하늘빛
꽃 피는 때 3~6월
크기 10~30cm

꽃받이 (지치과)

둥글게 말려 있던 꽃줄기가 퍼지면서 여러 송이 꽃이
피는 꽃마리와 달리, 잎겨드랑이에서 꽃이 한 송이씩
핀다. 잎 하나가 꽃 한 송이를 받치는 것 같다고 꽃받
이다. 꽃바지라고도 한다. 꽃마리에 견주면 누운 털이
많고, 잎이 쭈글쭈글하고 잎끝이 뾰족하며, 꽃 가운
데가 하늘빛 동그라미다.

165

o 반디지치 04.05

o 모래지치 꽃. 04.24

o 모래지치 잎. 04.20

반디지치 (지치과)

여러해살이풀

꽃이 피면 반딧불이가 불을 밝힌 듯 환하다고 반디
지치다. 파란 꽃 속에 흰 줄이 어우러진 것을 보고 반
딧불이가 빛을 내는 모습을 떠올린 모양이다. 줄기는
기듯이 자라다가 끝 부분이 서듯 자라며, 줄기 아래
쪽 잎은 살아서 겨울을 난다. 잎에 비스듬히 선 털이
있다.

자라는 곳 산기슭 양지
꽃 빛깔 파란빛,
    푸른 보랏빛
꽃 피는 때 4월 말~5월
크기 15~20cm

166

ㅇ 당개지치 04.26

ㅇ 지치 06.19

ㅇ 개지치 04.27

ㅇ 지치 잎. 06.19

○꽃 05.03   ○05.03

컴프리 (지치과)

여러해살이풀

자라는 곳 들, 집 주변
꽃 빛깔 분홍빛이
　　　　　도는 보랏빛
꽃 피는 때 5~7월
크기 60~90cm

유럽에서 사료로 쓰기 위해 들여온 것이 퍼져 자란다.
녹즙을 내어 먹고 약으로 쓰지만, 독성이 강해 함부
로 쓰면 안 된다. 전체에 거친 털이 있어 만지면 꺼끌
꺼끌하다. 줄기에 좁은 날개가 있고, 작은 종 모양 꽃
이 아래를 보고 핀다.

168

○ 꽃 04.03

○ 잎 10.01

○ 흰 꽃. 06.15

여러해살이풀	
자라는 곳	공원, 뜰
꽃 빛깔	진분홍빛, 연분홍빛, 흰빛 등
꽃 피는 때	4~9월
크기	높이 10cm 정도

지면패랭이꽃 (꽃고비과)

꽃이 패랭이꽃을 닮았고, 기면서 자라 땅을 덮는다고 지면패랭이꽃이다. 잔디처럼 깔려 자라고, 꽃이 예뻐서 꽃잔디라는 별명도 있다. 끝이 날카로운 솔잎 모양 잎이 겨울을 난다. 원산지가 미국이며, 진분홍과 연분홍, 흰색 등 여러 가지 색 꽃이 고와서 뜰이나 화분에 심어 가꾼다.

○싹 04.02   ○05.18

자란초 (꿀풀과)

꽃이 피는 모양이 조개나물과 비슷하고, 잎이 커서 큰
잎조개나물이라고도 한다. 줄기는 곧게 서고, 털이 거
의 없으며, 땅속줄기가 옆으로 뻗는다. 6월에 줄기 끝
이나 잎겨드랑이에 짙은 자줏빛 꽃이 핀다.

여러해살이풀

자라는 곳 산의 숲 속
꽃 빛깔 자줏빛
꽃 피는 때 6~7월
크기 50cm 정도

170

○ 04.08

○ 어린잎 03.12

○ 뿌리잎 09.21

여러해살이풀

자라는 곳 산기슭,
　　　　　　들의 풀밭
꽃 빛깔 자줏빛, 흰빛
꽃 피는 때 4~6월
크기 5~15cm

금창초(꿀풀과)

민간에서 금창(쇠붙이에 다친 상처)에 바르는 약으로
쓴 풀이라고 금창초다. 남쪽 지방에서 흔히 자란다.
줄기가 땅에 기듯이 자라며, 줄기와 잎에 털이 많다.
뿌리잎은 꽃 방석 모양으로 돌려나고, 잎에는 물결
모양 톱니가 있다. 꽃은 잎겨드랑이에서 모여 나온다.

○조개나물 잎과 꽃대. 04.13

○조개나물 04.21

○붉은조개나물. 분홍빛을 띤다. 04.19

조개나물(꿀풀과)

꽃이 피지 않은 꽃줄기 전체가 뽀얀 털로 덮였는데, 꽃이 피면 작은 보랏빛 꽃탑을 세워 놓은 듯하다. 꽃줄기와 따로 올라오는 뿌리잎은 털이 거의 없고 윤기가 나서, 뿌리잎만으로는 알아보기 어렵다. 줄기잎은 털이 많고, 잎자루가 없다.

여러해살이풀

자라는 곳 산과 들의
　　　　　풀밭
꽃 빛깔 보랏빛
꽃 피는 때 4~6월
크기 20~30cm

○05.08

○잎 04.21

○꽃. 윗입술 꽃잎에 흰 털이 많다. 꽃받침에도 긴 털이 많다. 05.04

여러해살이풀	
자라는 곳	산자락의 축축한 곳
꽃 빛깔	흰빛, 연한 붉은빛
꽃 피는 때	4월 말~6월
크기	30~50cm

광대수염 (꿀풀과)

꽃 모양이 광대나물과 닮았는데, 꽃받침에 난 긴 털이 수염 같아서 광대수염이다. 풀 전체에 털이 많고, 냄새가 난다. 꽃은 잎겨드랑이마다 층층이 돌려 피는데, 하얀 꽃과 까만 꽃술이 어우러져 묘한 분위기를 자아낸다. 통꽃 윗입술 꽃잎에 흰 털이 보송하다. 어린순은 나물로 먹는다.

○광대나물. 꽃에 점 무늬가 있는 것과 없는 것이 있다. 04.02

○잎 03.01

○자주광대나물. 위쪽 잎이 자줏빛인 외래식물이다. 03.28

광대나물(꿀풀과)

잎겨드랑이에서 나온 꽃이 마치 광대가 재주를 부리
는 듯하고, 나물로 먹는다고 광대나물이다. 잎 모양
을 보고 광주리나물, 코딱지나물, 목걸레나물이라고
도 한다. 꽃은 대개 붉은 자줏빛인데, 점 무늬가 있는
것도 있고, 더러 흰 꽃과 분홍 꽃도 핀다.

한두해살이풀

자라는 곳 밭이나 길가
꽃 빛깔 붉은 자줏빛
꽃 피는 때 3~6월
크기 10~30cm

○05.17

○싹 03.28

○잎 04.24

벌깨덩굴 (꿀풀과)

입술 모양 꽃잎에 난 긴 털과 깨알같이 박힌 보랏빛 점이 독특하다. 이른 봄에 올라오는 어린순은 나물로 먹는다. 어릴 때는 줄기가 곧게 서지만, 꽃이 지면 덩굴이 무성해진다. 마주나는 잎은 잔털이 많고 올록볼록하다.

○05.01

○겨울을 난 잎. 03.01

○덩굴로 뻗으며 자라는 모습. 07.23

긴병꽃풀 (꿀풀과)

꽃봉오리가 긴 병 모양이라고 긴병꽃풀이다. 꽃 모양이 헝겊으로 만든 작은 인형 옷같이 생겼다. 줄기는 옆으로 기면서 자라고, 꽃은 잎겨드랑이에 달린다. 동글동글한 잎이 동전을 연결해 놓은 것 같다고 연전초라는 별명도 있다.

여러해살이풀

자라는 곳 산기슭이나
　　　　　 집 주변의
　　　　　 양지바른
　　　　　 풀밭
꽃 빛깔 연자줏빛
꽃 피는 때 4~5월
크기 높이 5~20cm

o 05.25

o 어린잎 04.11

o 마른 모습. 07.02

여러해살이풀

자라는 곳 산과 들의
풀밭
꽃 빛깔 보랏빛
꽃 피는 때 5~7월
크기 15~30cm

꿀풀 (꿀풀과)

입술 모양 꽃을 뽑아서 밑 부분을 빨면 꿀이 나온다고 꿀풀이다. 원기둥 모양 꽃차례가 장난감 방망이 같다고 꽃방망이라고도 한다. 자줏빛이 도는 어린순은 나물로 먹고, 줄기와 잎은 혈압에 약으로 쓴다. 꽃이 진 여름이면 말라 버린다고 하고초라고도 한다.

○ 뿌리잎 11.26

○ 05.16

○ 꽃 04.09

배암차즈기 (꿀풀과)

차즈기를 닮았는데 꽃 모양이 뱀(배암)이 입을 쩍 벌린 것 같다고, 야생 차즈기라는 뜻으로 배암차즈기라 한다는 설이 있다. 꽃이 들깨 꽃만큼 작다. 뿌리잎은 겨울 배추처럼 꽃 방석 모양으로 겨울을 나며, 오돌토돌하다. 뱀배추, 곰보배추, 문둥이배추라고도 한다.

두해살이풀

자라는 곳 논둑, 도랑, 빈 터
꽃 빛깔 자줏빛
꽃 피는 때 4~7월
크기 30~70cm

○ 둥근배암차즈기 09.19

○ 둥근배암차즈기 뿌리잎. 04.09

○ 참배암차즈기 07.12

○ 참배암차즈기 뿌리잎. 07.25

○ 05.09

○ 잎 04.12

○ 열매와 껍질. 05.31

골무꽃 (꿀풀과)

열매가 골무 모양이라서 골무꽃인데, 골무보다는 옴
폭한 조개껍데기 모양에 가깝다. 전체에 털이 많고,
줄기는 네모나다. 봄에 꽃이 한쪽을 보고 다닥다닥
핀다. 꽃은 입술 모양인데, 아랫입술 꽃잎에 자줏빛
점이 있다.

여러해살이풀

자라는 곳 산기슭,
　　　　　숲 가장자리
꽃 빛깔 자줏빛
꽃 피는 때 4월 말~6월
크기 15~30cm

180

o 참골무꽃. 주로 바닷가에서 자란다. 06.30

o 산골무꽃. 꽃이 연한 색이고, 잎이 달걀형이다. 05.30

o 광릉골무꽃. 잎이 윤기가 난다. 06.01

o 애기골무꽃. 잎과 꽃이 작다. 09.02

o 열매. 통통하고 털이 짧다.　o 개불알풀. 분홍 꽃이 피고, 꽃자루가 짧다. 03.15

o 개불알풀, 큰개불알풀, 눈개불알풀 견주어 보기. 03.02

o 개불알풀, 큰개불알풀, 눈개불알풀 견주어 보기. 03.02

개불알풀 (현삼과)

열매 모양이 개 불알을 닮았다는 일본 이름을 번역한 이름인데, 민망하다고 봄까치꽃이라고도 한다. 줄기는 많이 갈라지고, 기듯이 자란다. 잎 가장자리에 톱니가 2~3쌍 있다. 연분홍 꽃은 줄기 위쪽 잎겨드랑이에 달리며, 눈에 잘 띄지 않을 정도로 작다.

두해살이풀

자라는 곳 길가, 들, 빈 터
꽃 빛깔 연분홍빛
꽃 피는 때 2월 말~6월
크기 10~20cm

ㅇ열매. 털이 길다.　ㅇ큰개불알풀 꽃. 04.08

ㅇ큰개불알풀 잎. 12.07

ㅇ열매. 통통하다.　ㅇ눈개불알풀 03.01

ㅇ눈개불알풀 잎. 03.01

ㅇ열매. 납작하다.　ㅇ선개불알풀 05.15

ㅇ선개불알풀 아래쪽 잎과 위쪽 잎. 털이 많다. 04.12

183

○ 뿌리잎 12.03　　○09.19

주름잎 (현삼과)

잎이 주름 진 것처럼 보인다고 주름잎이다. 논둑과
밭, 빈 터에서 흔히 볼 수 있다. 줄기는 밑에서 갈라져
약간 비스듬히 자라거나 곧추선다. 꽃은 줄기 윗부
분에 몇 송이씩 핀다. 보랏빛 꽃통에 하얀 입술 꽃잎,
황금빛 무늬가 어우러진 모습이 특이하다. 누운주름
잎은 옆으로 기는줄기가 있다.

자라는 곳 밭이나 논둑,
빈 터
꽃 빛깔 연보랏빛
꽃 피는 때 3〜9월
크기 5〜15cm

184

○04.29

○꽃 04.29

○열매와 잎. 04.29

한두해살이풀
자라는 곳 논밭이나 냇가
꽃 빛깔 붉은빛이 도는 흰빛
꽃 피는 때 4~5월
크기 5~20cm

문모초(현삼과)

논밭 주변이나 냇가에서 잘 자라는 작고 가는 풀이다. 잎은 매끈하고 두꺼운 편이며, 가장자리에 둔한 톱니가 2~3개 있거나 밋밋하다. 꽃은 잎겨드랑이에 붙어서 달린다. 열매는 납작한 심장 모양인데, 더러 벌레가 슬어 둥그렇게 변하기도 한다.

○06.05

질경이 (질경이과)

사람 발이나 자동차 바퀴에 깔려도 잘 자라서 질기다
고 질경이라는 이름이 붙었다. 찻길에서도 잘 자란다
고 차전초라고도 한다. 어린순은 나물로 먹고, 전체
를 약으로 쓴다. 예전에는 뿌리째 뽑아 제기차기 놀이
도 했다. 씨앗을 차전자라 한다.

<table>
<tr><td colspan="2">여러해살이풀</td></tr>
<tr><td>자라는 곳</td><td>길가나
빈 터</td></tr>
<tr><td>꽃 빛깔</td><td>자줏빛이
도는 흰빛</td></tr>
<tr><td>꽃 피는 때</td><td>5월 말~8월</td></tr>
<tr><td>크기</td><td>10~50cm</td></tr>
</table>

○ 개질경이. 털이 많다. 07.27

○ 갯질경(갯질경이과). 갯가에서 자란다. 07.31

○ 창질경이. 잎이 좁고 길다. 05.01

○ 창질경이 뿌리잎. 02.26

○ 05.31

초종용 (열당과)

스스로 양분을 만들지 못하고 사철쑥 뿌리에 기생하여 쑥더부살이라고도 한다. 주로 바닷가에서 자란다고 갯더부살이라는 별명도 있다. 초종용 꽃이 피고 나면 사철쑥은 영양분을 빼앗겨 서서히 말라 간다.

여러해살이풀

자라는 곳 바닷가
　　　　　모래땅
꽃 빛깔 보랏빛
꽃 피는 때 5~6월
크기 30cm 정도

○꽃봉오리 03.12 ○04.06

여러해살이풀

자라는 곳 산기슭의
축축한 곳
꽃 빛깔 노란빛이
도는 풀빛
꽃 피는 때 4~5월
크기 8~17cm

연복초 (연복초과)

복수초를 채집할 때 연이어 나온 풀이라고 연복초다. 낮은 산 계곡 주변에 많이 자란다. 뿌리잎은 잎자루가 길고, 줄기잎은 잎자루가 짧으면서 한 쌍이 마주난다. 곧고 기다란 꽃줄기 끝에서 위쪽과 동서남북 네 방향으로 한 송이씩, 모두 다섯 송이가 핀다.

○ 쥐오줌풀 05.25

○ 쥐오줌풀 싹. 04.30

○ 넓은잎쥐오줌풀 05.06

쥐오줌풀(마타리과)

뿌리에서 쥐 오줌 냄새가 난다고 쥐오줌풀이다. 뿌리
줄기가 옆으로 뻗으며 자란다. 줄기는 여러 대가 모여
나고, 곧게 선다. 줄기에 마주나는 잎은 새 깃 모양으
로 갈라지고, 톱니가 있다. 꽃은 줄기 끝마다 둥그렇
게 모여 핀다. 어린순은 나물로 먹고, 뿌리줄기는 약
으로 쓴다.

여러해살이풀	
자라는 곳	산의 축축한 곳
꽃 빛깔	연한 붉은빛
꽃 피는 때	5~8월
크기	40~80cm

○ 08.24

○ 싹 04.03

○ 줄기잎 08.24

여러해살이풀

자라는 곳 산지의 풀밭
꽃 빛깔 보랏빛
꽃 피는 때 7~8월
크기 40~100cm

자주꽃방망이 (초롱꽃과)

줄기 끝에 꽃이 사방으로 둘러 핀 모습이 꽃 방망이 같다고 자주꽃방망이라 한다. 꽃자루가 없어서 다닥 다닥 붙은 모습이 영락없는 꽃 방망이 같다. 하지만 이름과 달리 자줏빛이 아니고 보랏빛이다. 흰 꽃이 피는 것은 흰자주꽃방망이다.

○ 머위 03.30

○ 털머위. 가을에 노란 꽃이 핀다. 10.22

○ 털머위 잎. 두껍고 크며, 뒷면에 털이 많다. 05.31

머위 (국화과)

넓고 큰 잎이 입맛을 돋우는 봄나물이다. 어린순은 데쳐서 쌈으로 먹고, 자란 줄기는 나물로 먹는다. 꽃은 봄에 줄기와 따로 올라와 아이 주먹만 하게 핀다. 굵은 땅속줄기가 옆으로 뻗으면서 무리지어 자란다. 털머위는 가을에 노란 꽃이 피며, 윤기 나는 두꺼운 잎이 머위와 닮았고, 뒷면에 털이 많다.

여러해살이풀

자라는 곳 들과 산의 축축한 곳
꽃 빛깔 누런빛이 도는 흰빛
꽃 피는 때 3~4월
크기 10~60cm

○ 뿌리에서 난 잎. 04.06

○ 05.18

여러해살이풀

자라는 곳 산과 들
꽃 빛깔 노란빛
꽃 피는 때 5~7월
크기 25~50cm

씀바귀 (국화과)

쓴맛이 나지만 냄새가 향긋해서 봄나물로 즐겨 먹는
다. 맛이 쓰다고 쓴나물이라는 별명도 있다. 다른 씀
바귀 종류와 견주면 잎이나 줄기가 여리고 가늘며, 꽃
잎이 보통 5~7장으로 성긴 느낌이 든다. 줄기나 잎을
자르면 쓴맛이 나는 흰 액이 나온다.

193

o 벋음씀바귀. 뿌리줄기가 옆으로 뻗으며 자란다. 05.21

o 벌씀바귀. 벌판에 자라고, 꽃이 작다. 04.20

o 좀씀바귀. 잎이 작고 동그랗다. 09.23

o 흰씀바귀. 씀바귀를 닮았고, 흰 꽃이 핀다. 05.24

o 선쏨바귀. 연보랏빛 꽃이 핀다. 04.29

o 노랑선쏨바귀. 선쏨바귀를 닮았고, 노란 꽃이 핀다. 05.16

o 갯쏨바귀. 바닷가 모래땅에 자란다. 05.19

o 산쏨바귀. 산에서 자라며, 키가 크다. 08.26

o 뿌리잎 03.29　　　o05.06

방가지똥 (국화과)

잎 가장자리에 가시 같은 톱니가 있다. 줄기 속이 비
었고, 자르면 흰 액이 나온다. 노란 꽃이 지면 하얀
갓털이 달린 씨앗이 민들레처럼 바람을 타고 날아간
다. 큰방가지똥은 줄기가 굵고 세로줄이 뚜렷하며,
잎 가장자리에 억센 가시가 촘촘하다.

한두해살이풀

자라는 곳 집 근처나 들
꽃 빛깔 노란빛
꽃 피는 때 5~9월
　　　　　(남쪽에서는
　　　　　1년 내내)
크기 30~100cm

○큰방가지똥. 방가지똥보다 크며, 가시가 억세다. 10.05

○큰방가지똥 뿌리잎. 12.03　　　　　○큰방가지똥 열매. 05.15

197

○꽃 04.29

○뿌리잎 04.09

○꽃대 올라온 모습. 04.20

뽀리뱅이 (국화과)

박조가리나물이라고도 한다. 밤빛을 띠는 뿌리잎이
꽃 방석 모양으로 돌려나 겨울을 난다. 잎과 줄기에
털이 아주 많다. 꽃은 가지 끝에 모여 피고, 꽃이 지
고 씨가 영글면 하얀 솜뭉치처럼 씨앗이 달린다. 갓털
을 매단 씨는 바람을 타고 날아간다. 어린순은 나물
로 먹는다.

두해살이풀

자라는 곳 길가, 들,
산자락
꽃 빛깔 노란빛
꽃 피는 때 4~6월
크기 20~100cm

198

○ 뿌리잎 04.06   ○ 05.28

두해살이풀	
자라는 곳	산과 들의 풀밭, 빈 터
꽃 빛깔	노란빛
꽃 피는 때	5~9월
크기	20~80cm

고들빼기 (국화과)

꽃 방석 모양으로 돌려난 뿌리잎이 겨울을 난다. 잎과 줄기를 뜯으면 희고 쓴맛이 강한 액이 나오는데, 젖을 닮아 젖나물이라고도 한다. 줄기에 난 잎은 밑부분이 넓어져 줄기를 감싸며, 줄기가 잎을 뚫고 올라온 것처럼 보인다. 이른 봄에 뿌리째 캐서 소금물에 담가 쓴맛을 뺀 뒤 김치를 담근다.

199

○ 이고들빼기. 가을에 피고, 줄기잎은 주걱 모양이다. 10.08

○ 이고들빼기 어린잎. 04.17

○ 왕고들빼기. 연노란 꽃이 피고, 키가 크다. 09.12

○ 왕고들빼기 뿌리잎. 03.11

○ 갯고들빼기. 바닷가에 자라며, 잎이 두껍다. 08.26

○ 갯고들빼기 잎. 06.28

○지리고들빼기 08.28

○지리고들빼기 잎. 날개가 있다. 09.26

○까치고들빼기 10.01

○까치고들빼기 잎. 날개가 없다. 07.23

○두메고들빼기. 깊은 산에서 자란다. 07.28

○두메고들빼기 줄기잎. 잎자루에 날개가 있다. 08.09

○05.01

○싹 03.08

○열매 05.26

솜방망이 (국화과)

여러해살이풀

자라는 곳 들이나 산의
　　　　　풀밭
꽃 빛깔 노란빛
꽃 피는 때 4~5월
크기 20~65cm

잎에 솜 같은 털이 많고, 꽃이 줄기 끝에 모여 핀 모습이 방망이 같다고 솜방망이다. 꽃이 지고 씨앗이 솜뭉치처럼 달린 모습도 솜방망이 같다. 어린잎 모양이 개의 혓바닥을 닮았다고 한약재 이름이 '구설초'다. 어린순을 데쳐서 나물로 먹기도 하지만, 독성이 있으니 우려내야 한다.

202

○ 산솜방망이. 줄기에 거미줄 같은 솜털이 빽빽하다. 08.24

○ 물솜방망이. 높은 곳 습지에 산다. 05.22

○ 산솜방망이. 줄기에 능선이 있고, 솜털이 많다. 08.24

○ 물솜방망이 잎. 05.22

○ 민들레 04.11

○ 흰민들레 05.05

○ 민들레. 모인꽃싸개잎이 꽃을 받쳐 준다. 04.05

민들레 (국화과)

여러해살이풀

자라는 곳 양지쪽 풀밭
꽃 빛깔 노란빛
꽃 피는 때 4~6월
크기 10~25cm

꽃 방석 모양 뿌리잎이 무 잎처럼 갈라진다. 뿌리잎
사이에서 꽃줄기가 나와 끝에 꽃이 핀다. 모인꽃싸개
잎이 젖혀지지 않는 점이 서양민들레와 다르다. 쓴맛
이 나지만 잎을 나물로 먹고, 전체를 '포공영'이라 해
서 약으로 쓴다. 잎이나 꽃줄기를 뜯으면 하얀 액이
나온다.

○ 서양민들레 04.20

○ 서양민들레. 모인꽃싸개잎이 젖혀진다. 04.15

○ 서양민들레 씨앗 날아가기 전. 05.01

여러해살이풀

자라는 곳 들
꽃 빛깔 노란빛
꽃 피는 때 3~10월
크기 10~25cm

서양민들레 (국화과)

원산지가 유럽인 귀화식물이다. 잎과 꽃이 민들레와 비슷한데, 모인꽃싸개잎이 젖혀지는 점이 다르다. 민들레와 달리 제꽃가루받이로 씨를 많이 만들 수 있어 번식력이 왕성하다. 붉은씨서양민들레는 하얀 갓털이 붙은 씨가 유난히 붉다.

○ 뿌리잎 04.06   ○05.21

서양금혼초 (국화과)

원산지가 유럽인 외래식물로, 1980년 전후 제주에 들어와 목장을 거쳐서 곳곳에 퍼져 자랐다. 잎과 꽃이 민들레를 닮았다고 개민들레, 민들레아재비라는 별명도 있다. 민들레보다 꽃줄기가 매우 길고, 잎에 억센 털이 많다.

여러해살이풀

자라는 곳 남쪽 지방
풀밭
꽃 빛깔 노란빛
꽃 피는 때 5~6월
크기 30~50cm

○ 05.04

○ 꽃봉오리 05.04

○ 뿌리잎 05.04

여러해살이풀	
자라는 곳	산기슭의 풀밭
꽃 빛깔	보랏빛
꽃 피는 때	5~8월
크기	40~70cm

뻐꾹채 (국화과)

뻐꾸기가 울 무렵에 피며, 어린순은 나물로 먹는다. 전체에 거미줄 같은 흰 털이 나고, 잎이 부드럽다. 줄기에 어긋나게 달리는 잎은 새 깃 모양으로 갈라진다. 줄기 끝에 한 송이씩 달리는 꽃은 엉겅퀴보다 크고, 올록볼록한 밤빛 꽃싸개 조각이 둘러싼 모습이 특이하다.

○ 05.18

○ 날아가는 씨앗. 06.11

○ 뿌리잎 03.05

○ 줄기잎 04.14

지칭개 (국화과)

뿌리잎은 꽃 방석 모양으로 겨울을 나고, 잎맥 부분에 흰빛이 많이 돈다. 곧게 선 줄기는 가지가 많이 갈라지고, 가지 끝마다 꽃이 핀다. 잎 뒷면에는 솜 같은 털이 있어 흰빛이 돈다. 어린순은 나물로 먹는데, 쓴맛이 강하기 때문에 비벼서 쓴맛을 빼고 데쳐야 한다.

○05.30

○싹 05.12

○잎 05.15

한두해살이풀

자라는 곳 밭
꽃 빛깔 노란빛
꽃 피는 때 5~8월
크기 30~60cm

쑥갓(국화과)

쑥보다 물기가 많고, 꽃이 크고 탐스럽다. 싱그럽고 독특한 향이 비릿한 냄새를 없애, 회나 고기를 먹을 때 쌈 채소로 널리 사랑 받는다. 향이 강해서 원산지인 유럽에서는 화분이나 화단에 심어 관상용으로 즐기지만, 동양에서는 주로 식용한다.

o 04.12

o 싹 06.02

o 겨울 난 모습. 03.01

개쑥갓 (국화과)

이파리가 쑥갓을 닮았는데, 먹지 못한다고 개쑥갓이
라 한다. 줄기 끝마다 노란 꽃이 피는데, 작은 통꽃이
모여 핀 것이다. 꽃이 지면 하얀 솜털 같은 열매가 부
푼다. 바람이 불면 갓털을 매단 씨앗이 바람을 타고
날아간다. 남쪽 지방에서는 한겨울에도 꽃이 핀다.

한두해살이풀

자라는 곳 길가나
빈 터, 들
꽃 빛깔 노란빛
꽃 피는 때 1년 내내
크기 5~30cm

○03.21

○잎 04.27

○가을 모습. 10.02

여러해살이풀

자라는 곳 산자락
          풀밭
꽃 빛깔 흰빛,
          연한 자줏빛
꽃 피는 때 3월 말~4월
크기 봄 10~20cm,
       가을 30~60cm

솜나물 (국화과)

잎과 줄기에 털이 많고, 나물로 먹어 솜나물이다. 옛날에는 잎을 말려서 얻은 솜을 부싯깃으로 썼기 때문에 부싯깃나물이라고도 불렀다. 봄에는 작고 연한 자줏빛이나 흰 꽃이 피지만, 가을에 피는 꽃은 키가 크고 꽃잎이 벌어지지 않는다. 어린순을 나물로 먹는다.

○ 떡쑥 05.18

○ 떡쑥 뿌리잎. 11.26

○ 들떡쑥(들솜다리) 08.24

떡쑥 (국화과)

잎과 줄기를 뜯어 쑥처럼 떡을 해 먹는다고 떡쑥이다.
쑥보다 조금 못하다는 뜻으로 개쑥이라고도 한다. 잎
과 줄기가 흰 털로 덮여서 뽀얗게 보인다. 잎을 찢으
면 거미줄 같은 섬유소가 늘어져서 떡을 하면 차지고
맛있다. 잎과 줄기를 '서국초'라는 한약재로 쓴다.

212

○ 05.22

○ 겨울을 나는 뿌리잎. 02.24

○ 봄에 꽃대가 올라오지 않은 딸기의 잎. 05.01

여러해살이풀	
자라는 곳	길가
꽃 빛깔	노란빛
꽃 피는 때	5~8월
크기	30~100cm

큰금계국 (국화과)

원산지가 북아메리카로, 1990년대에 들어온 화훼식
물이다. 봄부터 여름까지 길 옆이나 둔치에 조경용으
로 심어 가꾼다. 여러해살이풀이라 한번 심으면 해마
다 그 자리에서 다시 볼 수 있다. 흔히 노랑코스모스
와 혼동하지만, 쑥 잎처럼 잘게 갈라지는 노랑코스모
스와 달리 잎이 길쭉길쭉하다.

ㅇ길가에 많이 심고, 봄에 구절초보다 큰 꽃이 핀다. 06.01

ㅇ싹 04.15

ㅇ뿌리잎 06.02

샤스타데이지 (국화과)

샤스타국화라고도 한다. 프랑스 들국화와 동양의 섬
국화를 교배하여 만들었다. 줄기는 밑에서 갈라지고,
털이 없다. 아래 잎은 겨울에도 살아 있다. 구절초를
닮은 꽃이 훨씬 크고, 대개 여름 이전에 핀다. 흔히 공
원이나 나무 아래 심어 가꾸며, 포기나누기를 하면 잘
산다.

여러해살이풀

자라는 곳 길가
꽃 빛깔 흰빛
꽃 피는 때 5~8월
크기 60~90cm

214

여름

◦강아지풀 07.10

◦갯강아지풀. 이삭이 짧고 통통하다. 10.01

◦금강아지풀. 이삭이 금빛이다. 10.06

강아지풀(벼과)

이삭이 강아지 꼬리를 닮아서 강아지풀이다. 이삭에 붙은 털 같은 까락이 풀빛이나 붉은 자줏빛을 띤다. 줄기 마디가 길고 가늘어 이삭 윗부분이 휜다. 금강아지풀은 이삭이 금빛이고, 줄기가 꼿꼿하다. 갯강아지풀은 바닷가에서 자라며, 이삭이 짧고 통통하다. 옛날에는 구황작물로 먹었다.

한해살이풀

자라는 곳 밭, 길가, 빈 터
꽃 빛깔 풀빛
꽃 피는 때 7~9월
크기 40~70cm

216

o 08.13

여러해살이풀

자라는 곳 산과 들
꽃 빛깔 풀빛,
　　　　자줏빛을 띠는
　　　　연한 밤빛
꽃 피는 때 8~9월
크기 30~120cm

새 (벼과)

산과 들의 양지바른 풀밭에서 자란다. 소나 염소가
잘 뜯어 먹는다. 뿌리줄기가 옆으로 뻗으며 자라 사
방 공사를 한 곳에 심기도 한다. 억새, 기름새, 솔새
처럼 이름 끝에 '새'가 들어간 풀은 대부분 잎이 길쭉
한 벼과 식물이다.

217

○07.02

○어린 모습. 10.05

○자라는 모습. 09.03

바랭이 (벼과)

한해살이풀

자라는 곳 밭, 빈 터
꽃 빛깔 연한 풀빛
꽃 피는 때 7~9월
크기 30~70cm

줄기가 땅을 기면서 마디마다 뿌리를 내리기 때문에, 밭에 나면 금세 번져서 무리짓고 뽑기도 어렵다. 그래서 농부들이 싫어하는데, 소나 토끼는 잘 먹는다. 여름부터 피는 이삭은 3~8개로 갈라지며, 아이들이 이삭으로 우산이나 조리를 만들어 놀기도 한다.

o 왕바랭이 08.28

o 왕바랭이. 잎몸이 납작하고 줄기가 질기다. 07.13

o 나도바랭이새 10.02

o 나도바랭이새. 잎이 민바랭이새보다 길다. 08.15

o 민바랭이새 10.02

o 민바랭이새. 잎이 나도바랭이새보다 짧다. 06.23

219

○개기장. 전체가 가녀리다. 09.21 ○미국개기장. 전체가 크고 튼실하다. 08.28

개기장 (벼과)

한해살이풀

기장을 닮았지만, 먹지 못하고 야생으로 자란다고 개
기장이다. 들에서 잘 자라 들기장이라고도 한다. 전체
가 가늘고 여리다. 줄기 윗부분에 자잘한 이삭이 엉성
하게 달린다. 미국개기장은 전체가 크고 억센 느낌이
들며, 뿌리에서 가지가 많이 갈라진다.

자라는 곳 들이나
　　　　　숲 가장자리
꽃 빛깔 풀빛
꽃 피는 때 8~9월
크기 30~90cm

○잎 06.02 ○08.17

여러해살이풀

자라는 곳 들이나
산의 길가
꽃 빛깔 풀빛을 띠는
밤빛
꽃 피는 때 7~9월
크기 30~80cm

그령 (벼과)

수크령에 비해 키가 작고 부드러워서 암크령이라고
도 한다. 들이나 산길 가에서 잘 자란다. 줄기는 뿌리
에서 빽빽하게 모여 나고, 이삭은 성기게 퍼진다. 줄
기와 잎이 질겨 새끼줄 대신 꼬아서 끈으로 쓰기도 한
다. 죽어서도 은혜를 갚는다는 결초보은의 고사에 나
오는 풀이다.

ⓞ수크령. 이삭이 병을 씻는 솔같이 크고 꼿꼿하다. 09.19

ⓞ수크령 잎. 05.08

ⓞ능수참새그령 09.10

ⓞ능수참새그령 잎. 능수버들 줄기처럼 늘어진다. 09.10

○각시그령. 논두렁이나 밭두렁에서 잘 자라고, 이삭이 곱게 물든다. 09.14

○비노리. 뜰이나 밭에 자라고, 전체가 가녀리다. 09.19

223

○논둑처럼 축축한 곳에 잘 자란다. 09.23　　○잎. 잎몸이 납작하다. 08.15

바람하늘지기 (사초과)

하늘지기 종류도 여러 가지다. 바람하늘지기는 줄기
가 유난히 가늘고, 이삭꽃이 작고 둥글다. 잎이 밑 부
분에 달리는데, 가늘고 폭이 0.3cm 정도밖에 안 된
다. 잎은 앞뒤가 붙어 납작하다. 꽃차례는 여러 번 갈
라져 끝에 점 같은 꽃이 핀다.

여러해살이풀

자라는 곳 양지쪽 습지,
논둑
꽃 빛깔 밤빛
꽃 피는 때 8~10월
크기 10~40cm

ㅇ방동사니대가리. 꽃차례가 머리 모양이다. 10.18

ㅇ파대가리. 작지만 파 꽃을 닮았다. 09.19

ㅇ알방동사니. 이삭이 모여 달린다. 10.06

ㅇ세대가리. 줄기 하나에 꽃이삭이 보통 3개다. 08.22

○08.23

○어린잎 06.08

○녹는 꽃. 07.01

닭의장풀 (닭의장풀과)

달개비라고도 한다. 땅에 닿으면 줄기 마디마다 뿌리를 내려서 끊어져도 잘 산다. 어린 줄기와 잎을 나물로 먹고, 약으로도 쓴다. 곤충을 불러 모으는 노란 헛수술, 암술 길이와 비슷한 진짜 수술이 두 개 있다. 꽃잎은 떨어지지 않고 녹아 내리며, 예전에는 비단에 푸른 물을 들이는 데 썼다.

한해살이풀

자라는 곳 들, 길가, 빈 터
꽃 빛깔 파란빛
꽃 피는 때 6~9월
크기 15~50cm

226

o 좀닭의장풀. 꽃싸개잎에 털이 있다. 07.24

o 좀닭의장풀 싹. 잎이 닭의장풀보다 좁다. 05.13

o 덩굴닭의장풀 꽃. 07.15

o 덩굴닭의장풀 잎. 07.24

o 자주닭개비. 자줏빛 꽃이 핀다. 05.30

o 자주닭개비 잎. 03.09

○07.25

○잎 04.02 　　　　　　　　　　　○살눈에 싹 나는 모습. 07.07

참나리 (백합과)

나리 종류 가운데 예쁘고, 어느 지역에서나 볼 수 있
어 참나리다. 꽃에 짙은 점이 다닥다닥 있어 호랑이
무늬를 닮았다고 호피백합이라고도 한다. 꽃은 화려
하지만, 씨를 잘 맺지 않는다. 대신 잎겨드랑이에 달
린 살눈으로 번식한다. 꽃을 보려고 심어 가꾸기도
한다.

여러해살이풀

자라는 곳 산과 들
꽃 빛깔 주황빛
꽃 피는 때 7~8월
크기 150cm 정도

228

o 털중나리. 줄기와 잎에 털이 많다. 06.19

o 하늘말나리. 아래 잎이 돌려나고, 하늘을 보고 핀다. 07.10

o 털중나리 싹. 04.12

o 하늘말나리 싹. 잎에 얼룩무늬가 있다. 04.06

o 땅나리. 땅을 보고 핀다. 08.09

o 말나리. 아래 잎이 돌려나고, 꽃이 벌어진다. 07.20

o 솔나리. 잎이 솔잎을 닮았다. 07.17

o 하늘나리. 하늘을 보고 핀다. 07.30

o 잎 03.13   o 09.09

여러해살이풀

자라는 곳 들, 산자락
꽃 빛깔 연분홍빛
꽃 피는 때 7~9월
크기 20~50cm

무릇(백합과)

긴 꽃줄기 끝에 진분홍 꽃이 원뿔 모양으로 달려서, 아래부터 피어 올라가는 모습이 아름답다. 잎이 길쭉하고 두꺼우며, 물기가 많고 윤기가 흐른다. 잎은 봄과 가을 두 차례 올라온다. 어린순은 우려서 나물로 먹고, 작은 파뿌리 같은 비늘줄기는 고아서 엿을 만든다.

231

○08.11

○싹 04.21 ○열매 10.05

맥문동(백합과)

겨울에도 푸른 잎이 겨울 보리를 닮았다고 맥문동이다. 산이나 들의 그늘 진 곳에서 잘 자란다. 꽃을 보기 위해서나, 낮게 자라 땅을 덮는 지피식물로 가꾸기도 한다. 수염뿌리 끝이 커져서 땅콩만 한 덩이뿌리가 생기는데, 이를 맥문동이라 하고 약으로 쓴다.

여러해살이풀

자라는 곳 산이나 들의
그늘 진 곳
꽃 빛깔 보랏빛
꽃 피는 때 6~8월
크기 30~50cm

○ 개맥문동. 맥문동보다 작고, 꽃 빛깔이 연하다. 08,31

○ 개맥문동 열매. 10,31

○ 소엽맥문동. 잎이 가늘고, 꽃 빛깔이 연하다. 07,15

○ 소엽맥문동 열매. 03,01

○ 맥문아재비. 흰 꽃이 피고, 맥문동보다 크다. 08,17

○ 맥문아재비 열매. 02,01

233

◦꽃잎이 노란 원추리 종류. 07.03

◦원추리 싹. 03.17

◦큰원추리. 꽃줄기 끝에 꽃이 모여 핀다. 07.21

원추리(백합과)

원추리 종류는 아직 정리가 끝나지 않아서 도감이나 사람마다 의견이 분분하다. 한자 이름 '훤초'에서 원추리로 변했다고 한다. 원추리를 몸에 지니면 아들을 낳는다고 의남초, 아들을 못 낳은 여인의 근심을 덜어 준다고 망우초라고도 한다. 어린순을 우려서 나물로 먹으며, 넘나물이라고 한다.

여러해살이풀

자라는 곳 산과 들의 풀밭, 뜰
꽃 빛깔 노란빛
꽃 피는 때 6~8월
크기 50~100cm

○ 09.22

여러해살이풀

자라는 곳 들
꽃 빛깔 흰빛
꽃 피는 때 7~8월
크기 30~40cm

부추(백합과)

부침개나 반찬으로 먹기 위해 가꾼다. 정구지, 솔이라고도 한다. 꽃줄기가 자라서 끝에 흰 꽃이 우산 모양으로 달린다. 독특한 냄새가 나 불가에서는 오신채로 금하지만, 일반인에게는 대표적인 건강 채소로 사랑받는다. 자르면 새잎이 나서, 겨울이 아니면 언제나먹을 수 있다.

235

○꽃 가까이 보기. 06.13

○07.15

○어린잎 07.07

비비추(백합과)

잎을 비비면 거품이 나는 나물이라는 뜻이 있는 비비
취가 비비추로 바뀌었다고 한다. 잎 가장자리가 파도
치듯 비틀려서 비비추라고도 한다. 어린잎을 나물해
먹고, 꽃을 보기 위해 뜰에 심어 가꾸기도 한다. 흰비
비추는 흰 꽃이 핀다. 원산지가 중국인 옥잠화는 흰
꽃이 피고, 비비추보다 훨씬 크다.

여러해살이풀

자라는 곳 산골짜기
꽃 빛깔 보랏빛
꽃 피는 때 7~8월
크기 30~40cm

o 좀비비추. 비비추보다 작다. 07.25

o 일월비비추. 꽃이 줄기 끝에 모여 달린다. 09.20

o옥잠화. 심어 가꾸고, 흰 꽃이 핀다. 08.12

o옥잠화 잎. 비비추보다 크고, 잎맥이 많다. 05.07

○07.15

○싹 04.06

○잎 04.11

흰여로 (백합과)

꽃 모양이 여로와 비슷한데, 흰 꽃이 피어서 흰여로다. 줄기 밑 부분에 20~30cm 크기 잎이 끝은 뾰족하고 밑이 좁아져 잎집(엽초)과 연결된다. 뿌리줄기를 약으로 쓰지만, 전체에 독성이 있어 조심해야 한다. 우리나라 특산종으로 전국에 자생하며, 여로 가운데 낮은 산에서 가장 흔하게 볼 수 있다.

여러해살이풀	
자라는 곳	산
꽃 빛깔	흰빛
꽃 피는 때	7~8월
크기	100cm 정도

o 자줏빛 도는 여로 꽃. 07.24

o 여로 잎. 07.24

o 박새. 잎이 흰여로보다 훨씬 넓다. 06.26

o 박새 어린잎. 04.26

○꽃 핀 모습. 05.08

○싹 03.30

○꽃봉오리 04.26

산마늘(백합과)

마늘 맛과 냄새가 나는데, 산에서 자란다고 산마늘이다. 고기에 쌈으로 먹거나 장아찌를 담그는 명이나물이 바로 산마늘이다. 넓고 큰 잎이 2~3장 난다. 독초인 은방울꽃과 박새 잎이 산마늘과 닮아서 중독 사고가 나므로 주의해야 한다.

여러해살이풀

자라는 곳 산의 숲 속
꽃 빛깔 흰빛
꽃 피는 때 5~7월
크기 40~70cm

○꽃 08.14

○싹. 잎에 얼룩무늬가 있다. 04.12

○잎 05.10

여러해살이풀	
자라는 곳	산의 숲 속
꽃 빛깔	보랏빛 점이 있는 흰빛
꽃 피는 때	7~8월
크기	50cm 정도

뻐꾹나리 (백합과)

꽃잎에 있는 점선 무늬가 뻐꾸기의 앞가슴 무늬를 닮았다고 뻐꾹나리다. 꽃이 꼴뚜기처럼 보이기도 하고, 꽃받침 부분에 둥근 주머니 모양 돌기가 있다. 봄에 돋아나는 어린잎에는 검푸른 얼룩무늬가 퍼져 있다. 어린순을 나물로 먹고, 뜰에 심어 가꾸기도 한다.

○잎 03.11   ○분홍빛 꽃이 핀다. 08.06

상사화 (수선화과)

잎이 초봄에 올라와 초여름에 말라 죽고, 한여름에
꽃줄기만 땅에서 올라와 꽃이 핀다. 그래서 꽃과 잎이
만나지 못하는 꽃이라고 상사화다. 꽃과 잎이 만나지
못하는 꽃을 뭉뚱그려 부르기도 하지만, 꽃잎이 넓고
분홍색을 띠는 것이 정확한 상사화다. 주로 뜰에 심
어 가꾼다.

여러해살이풀

자라는 곳 집 주변
꽃 빛깔 연분홍빛
꽃 피는 때 7~8월
크기 40~60cm

○ 석산(꽃무릇). 붉은 꽃이 피고, 절에서 흔히 심어 가꾼다. 10.05 ○ 잎 12.07

○ 백양꽃. 백양산에서 처음 발견되었고, 주황빛 꽃이 핀다. 08.24 ○ 잎 02.25

o마. 자라는 모습. 05.09

o마 암꽃. 꽃자루 아래 살눈이 생겼다. 07.20

o마 수꽃. 꽃자루 아래 살눈이 생겼다. 08.09

마(마과)

산에서 자라지만, 뿌리를 먹거나 약으로 쓰기 위해 심어 가꾼다. 신라의 선화 공주를 아내로 맞이하기 위해 지어 불렀다는 '서동요' 설화에 나오는 식물이다. 마, 참마 모두 줄기 잎겨드랑이에 씨가 아니면서 싹이 터 자라는 살눈이 생긴다. 살눈은 어미식물과 유전적으로 같은 복제다.

여러해살이풀

자라는 곳 산기슭,
숲 속
꽃 빛깔 흰빛, 노란빛
도는 흰빛
꽃 피는 때 6~7월
크기 200cm 정도

244

ㅇ마 살눈. 08.20

ㅇ마 살눈과 열매. 10.02

ㅇ마 잎. 아래 양쪽 귀가 발달한다. 05.29

ㅇ참마 잎. 아래 양쪽 귀가 발달하지 않는다. 09.23

마   참마   단풍마

ㅇ마, 참마, 단풍마 마른 열매 견주어 보기. 02.20

o 단풍마 수꽃. 잎이 단풍잎을 닮아서 단풍마다. 08.28

o 단풍마 암꽃. 09.05

o 단풍마 열매. 하나하나는 위를 향한다. 09.05

○범부채 꽃. 08.07

○범부채 잎. 07.12

○몬트부레치아. 별명이 애기범부채다. 07.12

범부채(붓꽃과)

잎이 모여 난 모양이 쥘부채를 닮았고, 꽃에 난 점이
범 무늬 같다고 범부채라는 이름이 붙었다. 꽃을 보
기 위해 흔히 심어 가꾼다. 꽃은 줄기나 가지 끝에 피
는데, 질 때 또르르 말린다. 열매 속에 까만 씨가 있
다. 뿌리줄기는 가래를 삭이는 약으로 쓴다.

○금난초. 노란 꽃이 핀다. 05.12

○은난초. 은대난초보다 잎이 통통하고 짧은 편이다. 05.16

○닭의난초. 꽃이 화려하다. 06.24

○은대난초. 꽃 밑의 포가 꽃차례보다 길다. 05.17

금난초 (난초과)

금빛 나는 노란 꽃이 핀다고 금난초다. 기다란 타원
형 잎이 줄기를 감싸듯 달리고, 끝은 뾰족하며, 주름
이 진다. 꽃은 줄기 위쪽에 여러 송이 달린다. 주로
응달에서 잘 자란다. 자생하는 난초 종류에는 여러
가지가 있다. 구름병아리난초는 깊은 산에 산다.

여러해살이풀

자라는 곳 산의 숲 속
꽃 빛깔 노란빛
꽃 피는 때 4~6월
크기 40~60cm

○ 큰방울새란. 방울새란보다 크다. 05.23

○ 감자난초. 감자 모양 덩이줄기가 있다. 05.11

○ 산제비란. 꽃이 풀빛이다. 06.03

○ 병아리난초. 꽃이 작다. 06.15

○ 구름병아리난초. 병아리난초와 닮았다. 07.31

○ 나도제비란. 잎이 넓다. 06.06

○ 나나벌이난초. 잎 가장자리에 주름이 있다. 06.07

○ 새우난초. 뿌리줄기가 새우 등같이 마디가 있다. 05.10

○ 잠자리난초. 꽃이 잠자리 같은 곤충을 닮았다. 08.02

○ 금새우난초. 새우난초와 닮았고, 노란 꽃이 핀다. 05.06

○ 타래난초. 꽃이 실타래처럼 꼬인다. 07.06

○ 주름제비란. 키가 크고, 잎에 주름이 많다. 05.07

○ 06.02

○ 싹 05.06

○ 자라는 모습. 05.06

여러해살이풀

자라는 곳 들,
　　　　　 숲 속 응달
꽃 빛깔 노란빛
꽃 피는 때 5~6월
크기 20~50cm

약모밀 (삼백초과)

잎이 메밀과 비슷하고, 약으로 쓴다고 약모밀이다. 열 가지 병에 약으로 쓴다고 십약, 식물에서 생선 썩는 냄새가 난다고 해서 어성초라고도 한다. 흰 꽃잎처럼 보이는 건 꽃받침이다. 꽃이 피었을 때 줄기째 잘라서 말린 다음 약으로 쓴다.

251

ㅇ꽃이 필 때 위쪽 잎이 하얗게 변한다. 07.11

ㅇ하얗게 변하지 않은 어린잎. 05.22

삼백초 (삼백초과)

꽃, 잎, 뿌리가 희다고 삼백초라 한다. 꽃이 필 무렵
위에 난 잎 2~3장이 하얘지기 때문에 삼백초라고 한
다는 말도 있다. 꽃이 필 무렵 잎이 하얘지는 건 넓은
잎을 꽃처럼 보이게 해서 곤충을 불러 모으기 위한 방
법이다.

<table>
<tr><td colspan="2">여러해살이풀</td></tr>
<tr><td>자라는 곳</td><td>들, 제주도
습지</td></tr>
<tr><td>꽃 빛깔</td><td>흰빛</td></tr>
<tr><td>꽃 피는 때</td><td>6~8월</td></tr>
<tr><td>크기</td><td>50~100cm</td></tr>
</table>

○ 08.02

○ 잎 06.06

○ 열매 09.28

여러해살이풀

자라는 곳 빈 터
꽃 빛깔 흰빛, 연자줏빛
꽃 피는 때 6~10월
크기 40~70cm

도깨비가지 (가지과)

꽃이 가지 꽃 모양을 닮았고, 줄기와 잎에 가시가 많
아서 도깨비가지다. 북아메리카에서 온 귀화식물로,
우리나라에는 1978년 처음 보고되었다. 번식력이 좋
아 다른 식물이 살 곳을 차지한다고 2009년 생태계를
교란하는 식물로 지정되었다. 열매는 작은 구슬만 하
고, 노랗게 익는다.

꽃 06.07

○ 열매 08.26

○ 꽃받침을 벗긴 동그란 열매로 꽈리를 만든다. 12.08

꽈리 (가지과)

열매가 빨갛게 익으면 등불을 달아 놓은 같다고 등롱초(燈籠草)라고도 한다. 익은 열매에서 씨를 빼고 입으로 부는 꽈리를 만들 수 있다. 열매에서 빨간 껍질 부분은 꽃받침이 자란 것이고, 속에 동그란 열매가 있다. 열매는 독이 있어서 많이 먹으면 안 된다. 뿌리와 열매는 약으로 쓴다.

여러해살이풀

자라는 곳 집 주변
꽃 빛깔 노란빛이 도는 흰빛
꽃 피는 때 6~7월
크기 40~80cm

○페루꽈리. 남아메리카 페루가 고향이다. 08.20

○땅꽈리. 열매가 꽈리를 닮았고, 전체가 작다. 10.05

○ 열매 09.30   ○ 독말풀. 흰 꽃에 보랏빛이 돌고, 잎에 거친 톱니가 있다. 08.07

○ 흰독말풀. 꽃이 희고, 잎에 거친 톱니가 있다. 08.24

○ 털독말풀. 꽃이 희고, 잎에 톱니가 없으며 털이 많다. 07.31

독말풀 (가지과)

독이 많은 풀로, 씨와 잎이 맹독성이다. 만다라화라고도 하며, 사약 재료로 썼다고 한다. 꽃이 낮에는 오므리고 있다가 밤이 되면 활짝 핀다. 원산지가 열대 아메리카인 약용식물이며, 퍼져서 자란다. 꽃은 연한 자줏빛이고, 잎 가장자리에 날카로운 톱니가 고르지 않게 있다.

한해살이풀	
자라는 곳	집 주변, 빈 터
꽃 빛깔	연지줏빛
꽃 피는 때	8~9월
크기	100~200cm

256

o 까마중. 총상꽃차례로 여러 송이가 어긋나게 달린다. 10.25

o 까마중 풋열매. 어긋나게 달린다. 09.27

o 까마중 익은 열매. 09.27

o 미국까마중. 사방으로 달린다. 07.12

까마중 (가지과)

한해살이풀	
자라는 곳	밭, 길가, 빈 터
꽃 빛깔	흰빛
꽃 피는 때	6~8월
크기	30~60cm

까맣고 반질반질한 열매가 스님 머리를 닮았다고 까마중이다. 콩알보다 작은 열매는 까맣게 익으면 먹기도 하는데, 감자 싹에 든 솔라닌이라는 독이 있어서 많이 먹으면 안 된다. 『물명고』에는 '가마종이'라고 나온다. 까마중은 총상꽃차례, 미국까마중은 산형꽃차례로 꽃이 핀다.

257

○ 08.02

○ 어린잎 05.16

○ 열매 10.19

배풍등 (가지과)

풍(바람)을 물리치는 약으로 쓴다고 배풍등이다. 줄
기 아랫부분은 겨울에도 살아 있는데, 봄이 되면 그
부분에서 싹이 올라온다. 줄기와 잎에 털이 아주 많
다. 빨갛게 익은 열매가 눈이 내려도 남아 있어 설하
홍이라고도 한다.

여러해살이풀

자라는 곳 들, 빈 터,
산기슭
꽃 빛깔 흰빛
꽃 피는 때 7~9월
크기 300cm 정도

○ 06.16

○ 열매 09.24

○ 마른 열매. 01.31

여러해살이풀

자라는 곳 산이나 들의
숲 가장자리
꽃 빛깔 연한 풀빛
꽃 피는 때 6~8월
크기 150cm 정도

쥐방울덩굴(쥐방울덩굴과)

열매가 작은 방울 같고, 덩굴로 뻗어서 쥐방울덩굴이
다. 익어서 벌어진 모양을 보고 까마귀오줌통이라고
도 불렀다. 한약재 이름은 마두령이다. 전체에 털이
없고, 자르면 흰 액이 나온다. 잎은 심장 모양으로 깔
끔하며, 색소폰처럼 생긴 꽃에서 생선 비린내 같은 냄
새가 난다.

259

ㅇ자라는 모습. 05.01　　　　ㅇ05.01

쐐기풀 (쐐기풀과)

잎과 줄기에 포름산이 든 가시가 있어 피부에 닿으면 쐐기나방의 애벌레인 쐐기에 물린 듯 따끔거려서 쐐 기풀이다. 암수한그루로 암꽃은 줄기 위쪽에, 수꽃은 줄기 아래쪽에 달리며, 가끔 반대일 때도 있다. 쐐기 풀 종류는 모시풀처럼 겉껍질을 벗기고 속껍질로 옷 감을 짤 수 있다.

여러해살이풀

자라는 곳 산골짝,
　　　　　숲 가장자리
꽃 빛깔 연한 풀빛
꽃 피는 때 7~8월
크기 40~80cm

260

o 애기쐐기풀. 줄기와 잎 뒷면에 자줏빛이 돈다. 04.23

o 애기쐐기풀 줄기. 04.23

o 혹쐐기풀 07.27

o 혹쐐기풀. 잎겨드랑이에 혹 같은 살눈이 있다. 10.06

o 가는잎쐐기풀. 잎이 가늘고 길다. 08.06

o 큰쐐기풀. 전체가 크고, 잎에 녹색 잔털이 있다. 09.21

261

○여뀌. 매운맛이 나고, 이삭이 성기다. 10.11

○이삭여뀌. 꽃이삭이 길고, 잎이 크다. 09.04

○개여뀌. 매운맛이 없고, 이삭이 촘촘하다. 10.05

○바보여뀌. 매운맛이 없고, 이삭이 성기다. 10.15

여뀌 (마디풀과)

『훈몽자회』에 '엿귀'라 기록하고, 채소로 분류했다. 잎
에서 매운맛이 나 맵쟁이라고도 한다. 전체에 털이 없
다. 물고기를 잡을 때 잎과 줄기를 찧은 즙을 물에 풀
어 썼다. 씨가 물을 따라 퍼지기 때문에 깊이가 고르
지 않은 물가에서 잘 자란다. 여뀌 종류에는 여러 가
지가 있다.

한해살이풀

자라는 곳 들, 냇가
꽃 빛깔 흰빛,
　　　　연한 풀빛
꽃 피는 때 6~9월
크기 40~80cm

○ 흰꽃여뀌. 꽃이 여뀌보다 크고 흰색이다. 07.22

○ 산여뀌. 높은 산 습지에 자란다. 09.25

○ 가시여뀌. 꽃 아래 가시같이 붉은 털이 있다. 09.07

○ 흰명아주여뀌. 허연 꽃이 피고, 이삭이 촘촘하다. 08.20

○ 끈끈이여뀌. 끈끈한 액이 있다. 08.28

○ 꽃여뀌. 꽃이 여뀌보다 크고 분홍색이다. 09.23

○꽃 08.03

○잎 10.18

마디풀 (마디풀과)

줄기에 마디가 많아서 마디풀이다. 한자 이름 백절(百
節)도 마디가 많다는 뜻이다. 줄기와 잎이 질겨서 밟
혀도 잘 자란다. 줄기는 밑에서 많이 갈라지며, 비스
듬히 자라기도 하고, 눕거나 서기도 한다. 어린순은
먹고, 전체를 약으로 쓴다. 마디마다 잎이 하나씩 달
리고, 잎겨드랑이마다 꽃이 핀다.

●닭의덩굴 09.24

●닭의덩굴. 잎아래 양 끝이 뾰족하게 각이 진다. 05.31

●큰닭의덩굴. 잎아래 양 끝이 심장 모양으로 둥글다. 06.25

한해살이풀

자라는 곳 들
꽃 빛깔 노란빛 띠는
풀빛
꽃 피는 때 6~9월
크기 200cm 정도

닭의덩굴(마디풀과)

원산지가 유럽인 귀화식물이다. 전체에 털이 없고, 돌기가 있다. 덩굴손은 없고, 줄기로 감으면서 자란다. 잎은 달걀형에 화살 모양이다. 메밀을 닮은 열매가 조랑조랑 달린다. 닭의덩굴은 잎아래 양 끝이 각이 지고, 큰닭의덩굴은 잎아래 양 끝이 심장 모양으로 둥글다.

○ 며느리밑씻개 09.02

며느리밑씻개
○ 며느리밑씻개 꽃. 09.02

며느리배꼽
○ 며느리배꼽 꽃. 06.24

며느리밑씻개 (마디풀과)

일제 강점기에 의붓자식밑씻개라는 뜻이 있는 일본 이름을 차용한 것이 최근에 밝혀졌다. 줄기에 갈고리 같은 가시가 많아 살갗을 긁히기 쉽다. 잎에서 신맛이 난다. 며느리배꼽은 잎자루가 잎의 배꼽 부분에 붙는 데, 며느리밑씻개는 잎이 더 갸름하고 잎자루가 잎 가장자리에 붙는다.

○ 며느리배꼽 09.23　　　　　　　　　　　　　　　　　○ 열매 09.30

며느리밑씻개　　　　　　　　　　　　　　　　　　　며느리배꼽

○ 며느리밑씻개, 며느리배꼽 견주어 보기. 06.09

○07.23

○어린잎 06.11

○자란 잎. 07.23

싱아 (마디풀과)

잎 양면에 털이 없고, 가장자리에 물결 같은 톱니가 있다. 줄기 끝과 가지마다 흰 꽃이 이삭 모양으로 달린다. 어린잎과 줄기를 날것이나 나물로 먹는다. 박완서의 소설『그 많던 싱아는 누가 다 먹었을까』때문에 유명해졌지만, 소설에 나오는 싱아는 수영이라는 설이 있다.

여러해살이풀

자라는 곳 산기슭
꽃 빛깔 흰빛
꽃 피는 때 6~8월
크기 80~100cm

o 범꼬리. 꽃차례가 통통한 편이다. 07.06

o 가는범꼬리. 꽃차례가 가는 편이다. 07.06

o 범꼬리. 잎이 넓다. 07.28

o 가는범꼬리. 잎이 가늘다. 04.05

여러해살이풀

자라는 곳 산의 풀밭
꽃 빛깔 흰빛, 연분홍빛
꽃 피는 때 6~8월
크기 50~100cm

범꼬리 (마디풀과)

꽃이 범의 꼬리를 닮아서 범꼬리라 한다. 봄에 올라오는 뿌리잎은 긴 타원형이고, 잎자루에 날개가 있다. 어린잎과 줄기는 나물로 먹는다. 가는범꼬리는 범꼬리보다 잎이 가늘고, 꽃차례도 가는 편이다.

○06.25

○어린 모습. 04.29

○줄기. 적자색 반점이 있다. 06.08

호장근(마디풀과)

어린 줄기에 있는 적자색 반점이 호랑이 무늬 같고, 뿌리를 한약재로 쓰기 때문에 호장근이라는 이름이 붙었다. 줄기가 굵고 잎도 커서 작은 나무처럼 보이지만 여러해살이풀이다. 줄기와 잎자루가 붉은빛을 띤다. 줄기는 잎과 반대 반향으로 휘며, 어린 줄기는 나물로 먹기도 한다.

여러해살이풀	
자라는 곳	산과 들
꽃 빛깔	흰빛
꽃 피는 때	6~8월
크기	100~150cm

○09.01

○싹 05.18

○꽃. 별 모양이다. 09.01

한해살이풀

자라는 곳 밭, 빈 터
꽃 빛깔 노란빛 띠는
풀빛
꽃 피는 때 6~10월
크기 30~200cm

명아주 (명아주과)

는쟁이, 도투라지라는 별명이 있다. 굵고 단단한 줄기로 청려장이라는 지팡이를 만든다. 어린잎 가운데가 자줏빛이면 명아주, 흰빛이면 흰명아주라고도 하는데, 그 빛은 자라면 없어진다. 어린잎은 데쳐서 나물로 먹는다. 단백질 함량이 높아 옛날에는 밭에 심어 가꿨다고 한다.

○어린 모습. 더 크게 자란다. 08.15

○꽃 08.25   ○댑싸리로 만든 빗자루. 08.05

댑싸리 (명아주과)

대싸리라고도 한다. 포기째 잘라 말려서 비를 만든다. 마당이 곱게 쓸려 공업용 비가 나오기 전에는 싸리비나 대비보다 인기가 많았다. 꽃밥은 노란빛과 자줏빛이다. 어린잎은 나물해 먹고, 씨는 약으로 쓴다. 개량해서 화훼용으로 심어 가꾸기도 하고, 저절로 자라기도 한다.

한해살이풀

자라는 곳 빈 터, 길가
꽃 빛깔 노란빛 띠는 풀빛
꽃 피는 때 7~10월
크기 100~150cm

272

○09.03

○잎 09.06

○쇠무릎 마디. 06.22

○벌레가 알을 슨 마디. 07.16

여러해살이풀

자라는 곳 산과 들
꽃 빛깔 연한 풀빛
꽃 피는 때 8~9월
크기 50~100cm

쇠무릎 (비름과)

줄기에 마디가 두드러져 소 무릎같이 보여서 한약재 이름이 '우슬(牛膝)'이다. 불거진 마디에 혹벌 종류가 알을 슬어 더 불거지기도 한다. 잎은 마주나고, 가장 자리가 밋밋하다. 열매는 뾰족한 털이 있어 사람 옷이 나 짐승 털에 잘 붙는다. 어린순은 나물로 먹고, 뿌리 는 약으로 쓴다.

273

○까만 분꽃 씨. 08.25　　　○07.26

분꽃 (분꽃과)

까맣고 둥근 씨에 있는 흰 가루를 분 대신 발랐다고
분꽃이다. 원산지가 남아메리카인 여러해살이풀이지
만, 우리나라에서는 한해살이풀이다. 꽃이 낮에는 오
므라들고, 저녁 무렵이면 활짝 핀다. 그래서 시골에서
는 '분꽃 피면 저녁 준비하라'는 말이 있다. 꽃 빛깔이
여러 가지다.

여러해살이풀

자라는 곳 뜰
꽃 빛깔 붉은 자줏빛,
　　　　　노란빛, 흰빛
꽃 피는 때 6~10월
크기 60~100cm

○ 열매 11.19

○ 05.23

한해살이풀

자라는 곳 밭, 빈 터
꽃 빛깔 노란빛
꽃 피는 때 5~8월
크기 15~30cm

쇠비름(쇠비름과)

줄기와 잎에 물기가 많아 통통하다. 줄기는 옆으로 기면서 비스듬히 자란다. 잎은 어긋나거나 마주나는데 끝에는 돌려난 것처럼 보이며, 윤기가 나고 가장자리가 밋밋하다. 잎이 말 앞니를 닮아서 약으로 쓸 때는 '마치현(馬齒莧)'이라고 한다. 연한 순은 나물로 먹는데, 맛이 약간 비리고 미끌미끌하다.

275

◦꽃차례가 곧추선다. 06.01

◦꽃 06.13

◦씨방 8개가 따로 떨어졌다. 06.13

자리공(자리공과)

전체에 털이 없다. 씨 겉이 편평하고 매끄러우며, 떨어진 씨방이 여덟 개인 점, 꽃차례가 곧추서는 점이 미국자리공과 다르다. 독이 있지만, 어린순은 데쳐서 먹기도 한다. 굵은 뿌리는 '상륙(商陸)'이라 하여 약으로 쓴다. 약용식물로 심어 가꾸던 것이 퍼져 나갔는데, 쉽게 보기는 어렵다.

여러해살이풀

자라는 곳 마을 근처
꽃 빛깔 연분홍빛
꽃 피는 때 6~7월
크기 100~150cm

o 꽃차례가 옆이나 아래로 휜다. 08.03

o 열매. 씨방 10개가 붙었다. 08.22

o 싹 04.29

여러해살이풀

자라는 곳 마을 근처
꽃 빛깔 연분홍빛
꽃 피는 때 6~7월
크기 100~150cm

미국자리공 (자리공과)

북아메리카에서 건너온 자리공이라는 뜻이다. 줄기에는 붉은 자줏빛이 돌고, 전체에 털이 없다. 꽃차례가 옆이나 아래로 휘고, 한데 붙은 씨방이 열 개다. 어린 순은 데쳐서 우려내고 나물로 먹는 곳도 있지만, 독성이 강해서 많이 먹으면 안 된다.

○07.16

○싹 05.04

○꽃봉오리 07.23

동자꽃 (석죽과)

다섯 살 난 동자의 넋이 피어난 꽃이라고, 동자승같이 예쁜 꽃이라고 동자꽃이다. 정채봉의 동화 「오세암」으로 널리 알려졌다. 줄기는 곧게 서고, 마디가 뚜렷하다. 잎은 마주나고, 잎자루가 없으며, 끝이 뾰족하다. 꽃잎은 다섯 장이고, 끝이 갈라진다. 꽃이 고와 심어 가꾸기도 한다.

여러해살이풀

자라는 곳 산의 풀밭,
　　　　　　숲 속
꽃 빛깔 주황빛
꽃 피는 때 7~8월
크기 40~90cm

278

○ 털동자꽃. 털이 많다. 07.31

○ 제비동자꽃. 꽃잎이 제비 꽁지를 닮았다. 07.31

o꽃 09.23

o뿌리잎. 털이 많다. 04.11

o열매 10.24

장구채 (석죽과)

둥근 통같이 생긴 꽃과 열매 모습을 장구통에 비유하여, 장고초(長鼓草)에서 장구채가 되었다. 뿌리잎은 털이 많고, 자줏빛이 돈다. 줄기는 녹색이거나 자줏빛이 도는 풀빛이다. 줄기잎은 털이 조금 있고, 올라갈수록 줄어든다. 꽃은 희거나 연분홍빛을 띤다. '왕불류행'이라는 한약재로 쓰인다.

<table>
<tr><td colspan="2">두해살이풀</td></tr>
<tr><td>자라는 곳</td><td>산, 들</td></tr>
<tr><td>꽃 빛깔</td><td>흰빛, 연분홍빛</td></tr>
<tr><td>꽃 피는 때</td><td>7~9월</td></tr>
<tr><td>크기</td><td>30~80cm</td></tr>
</table>

○ 갯장구채. 바닷가에서 잘 자란다. 05.05

○ 갯장구채 뿌리잎. 06.30

○ 가는장구채. 꽃줄기가 가늘다. 07.23

○ 가는장구채 잎. 05.13

○05.27

○뿌리잎 12.05　　○줄기잎 10.09

끈끈이대나물 (석죽과)

끈끈한 액을 내는 대나물이란 뜻이다. 줄기 윗부분
마디 밑에서 끈끈한 액이 나온다. 원산지는 유럽이고,
분홍빛 꽃이 피는데 드물게 흰 꽃도 있다. 전체에 흰
빛이 돌고, 줄기는 곧게 선다. 뿌리잎이 겨울을 나며,
절개지에서 흔히 볼 수 있다. 심어 가꾸기도 한다.

한두해살이풀

자라는 곳 뜰, 들
꽃 빛깔 분홍빛, 흰빛
꽃 피는 때 6~8월
크기 50cm 정도

o 08.29

o 싹 04.02

o 익은 열매. 08.31

여러해살이풀

자라는 곳 산과 들
꽃 빛깔 흰빛
꽃 피는 때 7~8월
크기 170cm 정도

덩굴별꽃 (석죽과)

꽃이 별 모양을 닮은 별꽃 종류인데, 덩굴로 자라서 덩굴별꽃이다. 줄기가 많이 갈라지고, 꽃은 줄기에서 뻗은 가지 끝에 한 송이씩 핀다. 꽃이 지기도 전에 열매가 될 씨방을 달고 아래를 향해 핀다. 초록색 열매는 검게 익는다.

○ 07.16

○싹 04.11   ○줄기잎 05.11

패랭이꽃 (석죽과)

꽃이 조선 시대 역졸이나 보부상처럼 신분이 낮은 사
람이 댓개비를 엮어 쓰던 패랭이를 닮았다고 패랭이
꽃이다. 어버이날에 사랑 받는 카네이션과 같은 석죽
과에 들지만, 꽃잎이 다섯 장이다. 심어 가꾸기도 하
고, 여러 빛깔로 개량되었지만 기본은 진분홍색이다.

여러해살이풀

자라는 곳 산의 풀밭,
　　　　　냇가 모래땅
꽃 빛깔 진분홍빛
꽃 피는 때 6~8월
크기 30cm 정도

○술패랭이꽃. 꽃잎이 실처럼 가늘고, 길게 갈라진다. 05.23   ○술패랭이꽃 잎. 07.24

○바닷가에서 자라는 갯패랭이꽃. 07.09   ○갯패랭이꽃 뿌리잎. 06.30

○잎 07.20 ○07.23

꿩의다리 (미나리아재비과)

줄기는 곧추서며, 가늘고 꼿꼿하다. 꿩 다리처럼 가늘다고 꿩의다리다. 잎이 새 깃 모양으로 2~3번 갈라지며, 밑의 것은 잎자루가 길고, 위로 올라갈수록 짧아지다가 없어진다. 꽃은 원줄기 끝에 모여 피는데, 꽃잎이 없다.

여러해살이풀

자라는 곳 산
꽃 빛깔 흰빛
꽃 피는 때 6~8월
크기 50~100cm

286

o 참꿩의다리는 은꿩의다리에 통합되었다.

o 은꿩의다리 잎. 04.18

o 좀꿩의다리 08.26

o 좀꿩의다리 어린잎. 03.21

o 금꿩의다리 07.26

o 금꿩의다리 잎. 07.26

○ 꽃꿩의다리. 흰 꽃이 통통하다. 06.16

○ 꽃꿩의다리 잎. 06.15

○ 연잎꿩의다리. 잎이 연꽃 잎을 닮았다. 08.26

○ 꿩의다리아재비(매자나무과) 잎. 꿩의다리를 닮았다. 05.17

o 진범 꽃과 열매. 08.24

o 흰진범 꽃. 08.27

o 진범 종류 뿌리잎. 03.29

여러해살이풀	
자라는 곳	숲 속
꽃 빛깔	자줏빛
꽃 피는 때	8월
크기	30~80cm

진범 (미나리아재비과)

진교라고도 한다. 줄기는 곧게 서거나 비스듬히 자라며, 자줏빛이 돈다. 잎자루가 긴 뿌리잎은 5~7개로 갈라지며, 갈래 조각에 톱니가 있다. 줄기잎은 올라갈수록 작아진다. 꽃이 오리나 고니 모양을 닮았다. 독이 있지만, 뿌리는 약으로 쓴다.

○08,27

촛대승마 (미나리아재비과)

꽃대가 쑥 올라와 꽃이 핀다. 미나리아재비과 승마
종류인데, 꽃차례가 촛대 모양이라고 촛대승마다. 새
깃 모양 잎은 어긋나고, 여러 번 갈라진다. 희고 자잘
한 꽃이 사방으로 달린 모습이 병 씻는 솔을 닮았다.
뿌리잎은 약으로 쓴다.

자라는 곳 산
꽃 빛깔 흰빛
꽃 피는 때 5월 말~8월
크기 100~150cm

ㅇ눈개승마(장미과). 노란빛을 띠는 흰 꽃이 핀다. 06.26

ㅇ눈개승마 어린잎. 05.13

o 덩굴로 자라는 모습. 05.28

o 수꽃이 핀 모습. 06.11

o 암꽃 05.12

o 열매 09.23

새모래덩굴 (새모래덩굴과)

반들반들 윤기 나는 잎은 잎자루가 잎 가운데 붙어서
방패 같다. 잎은 줄기에 어긋나게 붙고, 잎 뒷면은 흰
빛이 돈다. 잎은 햇살 방향에 따라 잎몸이 틀어진다.
꽃이 잎겨드랑이에서 나오고, 열매는 둥글고 검게 익
는다. 뿌리는 약으로 쓴다.

여러해살이풀

자라는 곳 산기슭, 밭둑
꽃 빛깔 연노란빛
꽃 피는 때 5~6월
크기 100~300cm

○잎 07.11

○07.11

한해살이풀

자라는 곳 뜰
꽃 빛깔 연보랏빛
꽃 피는 때 7~10월
크기 80~120cm

풍접초(풍접초과)

꽃이 핀 모습이 나비가 바람에 날아가는 것 같다고 풍접초다. 원산지가 열대 아메리카인데, 꽃을 보려고 심어 가꾼다. 손바닥 모양 잎은 가장자리가 밋밋하고, 톱니가 없다. 꽃이 줄기 끝에 모여 피고, 꽃잎이 낱낱이 떨어지며, 수술이 긴 수염처럼 늘어진다.

293

○ 잎 06.17

○ 잎에 벌레가 걸려든 모습. 06.25

○ 꽃 06.25

끈끈이주걱 (끈끈이주걱과)

주걱 모양 잎에 끈끈한 액이 있어 끈끈이주걱이다. 벌
레잡이식물(식충식물)의 하나로, 끈끈한 액에 벌레가
붙으면 잎이 오므라들어 벌레를 잡은 뒤 분비액으로
녹여 양분을 빨아들인다. 흰 꽃이 피는데, 잎과 마찬
가지로 건드리면 꽃잎을 천천히 오므린다.

<table>
<tr><td colspan="2">여러해살이풀</td></tr>
<tr><td>자라는 곳</td><td>양지바른 습지</td></tr>
<tr><td>꽃 빛깔</td><td>흰빛</td></tr>
<tr><td>꽃 피는 때</td><td>6월 말~7월</td></tr>
<tr><td>크기</td><td>꽃줄기 6~30cm</td></tr>
</table>

o 06.01

o 싹 04.16

o 잎 04.22

여러해살이풀

자라는 곳 산의 풀밭,
바위 틈
꽃 빛깔 노란빛
꽃 피는 때 6~7월
크기 30cm 정도

기린초 (돌나물과)

돌나물과 식물이므로 전체에 물기가 많고, 잎에 윤기가 난다. 뿌리가 굵고, 줄기는 모여 난다. 잎은 끝이 둥글고, 털이 없다. 꽃은 줄기 끝에 모여 피고, 꽃송이가 크며, 끝이 뾰족한 별 모양이다. 열매와 열매껍질도 별 모양이다. 어린잎은 나물해 먹는다.

○어린잎 03.04　　○06.13

돌나물(돌나물과)

여러해살이풀

자라는 곳 산이나 들
꽃 빛깔 노란빛
꽃 피는 때 5~6월
크기 땅에 깔려 자람

돌밭에서도 잘 자라는 나물이라고 돌나물이다. 돋내기, 돗나물, 돈나물이라고도 한다. 줄기와 잎에 물기가 많고, 줄기 끝이 연해서 봄부터 가을까지 먹을 수 있다. 옆으로 기면서 자라고, 땅에 닿으면 뿌리를 내린다. 잎은 세 장씩 돌려나고, 끝이 뾰족하다. 뜯어서 물김치를 담그거나 생채로 먹는다.

o 말똥비름 06.06

o 말똥비름 어린잎. 돌나물보다 잎이 둥글다. 03.30

o 바위채송화 07.21

o 땅채송화. 바닷가에 살며, 잎이 짧고 통통하다. 06.30

o 꿩의비름 꽃. 08,25

o 새끼꿩의비름 08,23

o 꿩의비름 싹. 05,04

o 둥근잎꿩의비름. 잎이 둥글고, 붉은빛 꽃이 핀다. 09,25

꿩의비름 (돌나물과)

돌나물과 꿩의비름속 식물이라 키가 크다. 흰 바탕에 연한 붉은빛이 도는 꽃이 핀다. 전체에 물기가 많아 퉁퉁하다. 어린잎과 줄기는 분을 바른 듯 흰빛이 돈다. 잎은 마주나기도 하고, 어긋나기도 한다. 여름에 자잘한 꽃이 가지 끝에 주먹 모양으로 핀다. 뜰에 심기도 한다.

여러해살이풀

자라는 곳 산의 양지쪽 풀밭
꽃 빛깔 흰 바탕에 연한 붉은빛
꽃 피는 때 8~9월
크기 30~60cm

298

○ 꽃 08.07

○ 마른 열매. 낙지 다리를 닮았다. 05.15

○ 잎 05.23

여러해살이풀	
자라는 곳	개울가나 습지
꽃 빛깔	연노란빛 띠는 흰빛
꽃 피는 때	7~8월
크기	30~70cm

낙지다리 (돌나물과)

습지 풀밭에서 자란다. 꽃차례와 꽃이 핀 모습, 마른 열매가 모두 낙지 다리를 닮았다고 낙지다리라는 이름이 붙었다. 잎은 어긋나고 끝이 뾰족하며, 가장자리에 톱니가 있다. 꽃줄기는 낙지 다리처럼 여러 갈래로 달리고, 꽃차례에 털이 많다. 희귀식물 목록에 올랐다.

○05.30

○꽃 05.18

○새 떨기가 생기는 모습. 05.28

바위취 (범의귀과)

잎이 범 귀를 닮아서 범의귀, 호이초(虎耳草)라고도
한다. 위쪽 꽃잎 세 장은 작고, 아래 두 장은 크고 길
어서 큰 대(大)자를 닮았다고 대문자꽃이라고도 한
다. 꽃이 예쁘고 잎도 사철 푸르러서 흔히 심어 가꾼
다. 줄기에서 실 같은 가지를 내어 새 떨기를 만든다.
새 떨기를 떼어 심으면 잘 자란다.

여러해살이풀

자라는 곳 중부 지방
아래쪽의
축축한 곳
꽃 빛깔 흰빛
꽃 피는 때 5월
크기 60cm

o 바위떡풀 08.27

o 바위떡풀 잎. 04.15

o 참바위취 07.21

o 참바위취 잎. 06.11

○노루오줌. 꽃 빛깔이 진하고, 줄기가 곧추선다. 07.24

○숙은노루오줌. 꽃 빛깔이 연하고, 끝이 휜다. 06.07

○노루오줌 싹. 04.08

○숙은노루오줌 싹. 03.30

노루오줌 (범의귀과)

뿌리에서 노루 오줌 냄새가 난다고 노루오줌이라 한
다. 줄기는 곧게 자라며, 밤빛 털이 많다. 산골짜기
물가의 축축한 곳에서 잘 자란다. 숙은노루오줌은 줄
기에 난 털이 노루오줌보다 적고, 꽃줄기 끝이 휜다.

여러해살이풀

자라는 곳 산의
축축한 곳
꽃 빛깔 분홍빛 띠는
보랏빛
꽃 피는 때 7~8월
크기 30~70cm

○07.16

○뿌리잎 05.01

○열매. 옷에 잘 붙는다. 09.28

여러해살이풀

자라는 곳 산과 들의 풀밭
꽃 빛깔 노란빛
꽃 피는 때 6~8월
크기 30~100cm

짚신나물 (장미과)

갈고리 같은 털이 있는 열매가 짚신에 잘 달라붙고, 어린순은 나물로 먹어서 짚신나물이다. 학(두루미)이 준 약초라 하여 선학초, 잎 가장자리에 있는 거친 톱니가 용의 이빨을 닮아 용아초라고도 한다. 전체를 약으로 쓴다.

○ 터리풀 07.11

○ 터리풀 잎. 06.11

○ 지리터리풀. 붉은 꽃이 핀다. 07.11

터리풀(장미과)

전체에 털이 거의 없고, 잎은 3~7갈래로 깊이 갈라진
다. 잎자루에는 깃 모양 작은잎이 여섯 쌍 정도 붙었
다. 심어 가꾸기도 하고, 어린순은 나물로 먹는다. 지
리터리풀은 지리산 등지에 자라고, 붉은 꽃이 핀다.

여러해살이풀

자라는 곳 높은 산의
풀밭
꽃 빛깔 흰빛
꽃 피는 때 6~8월
크기 100cm 정도

o 뱀무 07.28

o 큰뱀무 06.06

o 뱀무 뿌리잎. 05.07

o 큰뱀무 뿌리잎. 03.21

여러해살이풀

자라는 곳 산이나 들
꽃 빛깔 노란빛
꽃 피는 때 6~7월
크기 30~100cm

뱀무(장미과)

뿌리잎이 무 잎을 닮았는데, 무가 아니라고 뱀무다. 큰뱀무는 전체가 크고, 거친 털이 빽빽하며, 줄기 윗부분 잎까지 세 갈래로 갈라진다. 꽃 지름도 1.5~2.5cm로 뱀무보다 크다. 뱀무와 큰뱀무 모두 어린잎을 나물해 먹고, 전체는 약으로 쓴다.

○여우팥. 열매 꼬투리가 납작하고 넓다. 08.29

○새팥. 열매가 둥글고 길다. 09.01

○새팥 열매. 09.09

여우팥 (콩과)

한해살이풀

자라는 곳 들이나 산
꽃 빛깔 노란빛
꽃 피는 때 7~8월
크기 덩굴로 자람

끝이 뾰족해지다가 둔해지는 작은잎 모양이 여우 얼굴을 닮았고, 팥과 같은 노란 꽃이 핀다고 여우팥이다. 잎은 어긋나고, 작은잎 세 장으로 되었다. 꼬투리가 둥글고 기다란 새팥 열매와 달리, 납작하고 작두 모양이다. 주로 남쪽 지방에서 자라며 덩굴진다.

o 여우콩 꽃. 08.16

o 큰여우콩 열매. 12.25

o 큰여우콩. 잎이 여우콩보다 얇고 갸름하다. 08.26

여러해살이풀	
자라는 곳	풀밭, 숲 가장자리
꽃 빛깔	노란빛
꽃 피는 때	8~9월
크기	덩굴로 자람

여우콩 (콩과)

익은 열매가 벌어졌을 때, 꼬투리 껍질에 까만 콩이 두 개 붙은 모습이 여우 눈 같아서 여우콩이다. 거친 갈색 털이 많아 전체적으로 누런빛이 돈다. 잎이 두꺼우며, 잎끝이 둥글고, 열매에 털이 많다. 큰여우콩은 잎이 얇고 갸름하며, 잎끝이 뾰족하고, 열매에 털이 적다.

◦돌콩 08.26

◦돌콩 열매. 껍질에 길고 노란 털이 빽빽하다. 10.23

◦새콩 08.28

◦새콩 열매. 껍질에 누운 털이 조금 있다. 10.30

돌콩 (콩과)

우리가 먹는 콩의 조상이다. 야생으로 자라는 콩이라
고 돌콩이다. '돌콩만 하다'는 돌콩처럼 작고 야무지
다는 뜻이다. 다른 식물을 감고 올라간다. 전체에 노
란 털이 있는데, 특히 꼬투리에 많다. 새콩은 연한 빛
깔 꽃이 크고, 꼬투리에 누운 털이 조금 있어서 없는
듯 보인다.

한해살이풀

자라는 곳 들
꽃 빛깔 연자줏빛
꽃 피는 때 7~8월
크기 200cm 정도

o 매듭풀 08.15

o 매듭풀. 잎이 갸름하고, 가장자리에 털이 없다. 08.27

o 둥근매듭풀. 잎이 둥글고, 가장자리에 털이 많다. 09.01

한해살이풀

자라는 곳 들이나 길가, 빈 터
꽃 빛깔 붉은 자줏빛
꽃 피는 때 7~9월
크기 10~40cm

매듭풀 (콩과)

줄기를 감싸는 막 같은 잎집이 매듭을 지은 것 같다고 매듭풀이다. 작은잎 세 장이 모인 잎은 잎맥이 발달했는데, 잎을 뜯으면 V자 모양 매듭처럼 깔끔하게 뜯어져서 매듭풀이라고도 한다. 잎이 갸름하고 털이 아래를 향해 난다. 둥근매듭풀은 털이 위를 향하고, 잎이 둥글다.

309

○08.29

○자라는 모습. 08.09

○열매 10.15

차풀 (콩과)

한해살이풀

자라는 곳 들.
　　　　　　낮은 산지.
　　　　　　냇가 근처
꽃 빛깔 노란빛
꽃 피는 때 7~8월
크기 30~60cm

잎이 달린 줄기를 말리거나 씨앗을 볶아서 차로 마신
다고 차풀이다. 잎을 우려내면 녹차처럼 옅은 풀빛이
돈다. 줄기에는 털이 빽빽하고, 어긋나는 작은잎이 여
러 장 있다. 흐린 날이나 밤이 되면 작은잎이 두 장씩
마주 오므린다. 작두 모양 납작한 열매 꼬투리가 짙
은 갈색으로 익는다.

310

○09.03

○열매 10.14

○씨앗. 볶아서 차로 마신다. 11.07

결명자(콩과)

밭에서 재배한다. 씨가 눈을 밝게 해 주는 약으로 쓰여 결명자다. 결명차라고도 한다. 씨를 보리차처럼 끓여 마시기도 하는데, 물 빛깔이 불그레하다. 열매 속에 모가 난 씨가 한 줄로 들었다. 전체에 털이 없고, 잎은 2~3쌍이다.

○08.15

○씨방 밑 자루가 땅 속으로 파고든다. 08.15　　○땅콩 10.07

땅콩 (콩과)

'땅 속에 생긴 콩'이라고 땅콩이다. 줄기에 달린 잎겨
드랑이에서 노란 꽃이 피었다가, 꽃가루받이가 되면
씨방 밑 부분이 길게 자라 땅 속으로 들어가서 땅콩
으로 자란다. 그래서 낙화생이라고도 한다. 모래밭에
서 잘 자란다. 땅콩은 먹고, 잎은 쇠꼴로 쓴다.

한해살이풀

자라는 곳 밭
꽃 빛깔 노란빛
꽃 피는 때 7~9월
크기 60cm 정도

○ 꽃 08.30

○ 어린잎 04.29

○ 열매 10.30

○ 열매껍질 11.01

한해살이풀

자라는 곳 산과 들
꽃 빛깔 자줏빛
꽃 피는 때 7~8월
크기 50~100cm

나비나물(콩과)

작은잎이 두 장씩 붙어 마주난 모습이 나비 같다고 나비나물이다. 턱잎도 나비 모양이다. 잎겨드랑이에서 나온 꽃대에 자잘한 꽃이 한쪽으로 치우쳐서 달린다. 연한 순을 데쳐서 나물로 먹는다. 자잘한 꽃에 견주어 훨씬 커다란 꼬투리 열매를 맺는다.

○08.26

○열매 09.02

○도둑놈의갈고리, 큰도둑놈의갈고리 견주어 보기. 08.20

도둑놈의갈고리 (콩과)

열매 옆면에 갈고리 같은 털이 있어 동물의 털이나 사람 옷에 몰래 붙어서 간다고 도둑놈의갈고리다. 갸름한 작은잎이 세 장이다. 열매는 장난감 안경처럼 생겼고, 마디가 두 개 있으며, 마디마다 씨가 하나씩 들었다. 열매 끝에 있는 갈고리 모양은 다른 물체에 붙는 기능과 상관이 없다.

여러해살이풀

자라는 곳 산과 들의 숲
꽃 빛깔 연한 분홍빛
꽃 피는 때 7~8월
크기 60~90cm

314

○ 개도둑놈의갈고리 09.21

○ 큰도둑놈의갈고리 09.04

○ 개도둑놈의갈고리 열매. 08.31

○ 큰도둑놈의갈고리 열매. 09.11

○ 개도둑놈의갈고리. 작은잎이 3장이고, 둥근 편이다. 09.23

○ 큰도둑놈의갈고리. 작은잎이 5~7장이고, 긴 편이다. 08.28

○ 08.26

○ 싹 04.20

○ 열매 07.26

활량나물(콩과)

줄기는 곧게 서거나 비스듬히 자란다. 잎은 어긋나고,
작은잎이 2~4쌍이다. 잎끝에 갈라진 덩굴손이 있고,
뒷면은 분을 바른 듯 흰빛이 돈다. 연노란 꽃이 점점
갈색으로 짙어진다. 어린잎은 접혀서 올라오고, 나물
로 먹는다.

여러해살이풀

자라는 곳 산기슭의
풀밭
꽃 빛깔 연노란빛
꽃 피는 때 7~8월
크기 80~120cm

o 08.17

o 열매 09.30

미모사(콩과)

원산지가 브라질인 여러해살이풀이지만, 우리나라에서는 한해살이풀이다. 잎을 건드리면 밑으로 처지고 작은잎이 오므라들어 신경이 예민하다고 신경초, 자는 것 같다고 잠풀이라고도 한다. 밤이 되면 건드리지 않아도 잎이 오므라든다.

317

○ 개싸리 09.06

○ 개싸리 잎. 털이 많고 두꺼우며 가죽 같다. 05.28

○ 괭이싸리. 기면서 자라고, 털이 많다. 09.18

개싸리 (콩과)

키 작은 나무 모양 풀인데, 싸리를 닮았다고 개싸리다. 들싸리라고도 한다. 전체에 부드러운 털이 빽빽하고, 두꺼운 잎은 어긋나기로 붙는다. 작은잎이 세 장인데 끝이 둥글고, 잎맥이 뚜렷하며, 가장자리는 밋밋하다. 꽃은 줄기 끝이나 잎겨드랑이에 모여 달린다.

여러해살이풀

자라는 곳 산이나 들
꽃 빛깔 흰빛
꽃 피는 때 8~9월
크기 100cm 정도

318

o 붉은강낭콩 07.09

o 강낭콩 꽃. 06.01

o 강낭콩 열매. 06.15

한해살이풀

자라는 곳 들, 울타리
꽃 빛깔 주홍빛
꽃 피는 때 7~8월
크기 덩굴로 자람

붉은강낭콩 (콩과)

원산지가 열대 아메리카로, 중국 강남을 거쳐 들어왔다고 강남콩으로 부르다가 강낭콩이 되었다. 열매를 먹거나 약으로 쓰기 위해 밭이나 울타리에 심어 가꾸며, 꽃을 보기 위해 심기도 한다. 줄기는 덩굴져 길게 자라고, 전체에 털이 난다. 강낭콩은 연분홍 꽃이 피고, 덩굴지지 않는다.

o 08.28

o 뿌리잎 04.06

o 마른 열매. 10.12

이질풀 (쥐손이풀과)

이질에 약이 된다고 이질풀이다. 전체를 위장약으로
도 쓴다. 전체에 긴 털이 있고, 잎은 손바닥 모양으로
3~5갈래다. 뿌리잎에 붉은 자줏빛 점이 있고, 촛대
모양 열매는 익으면 다섯 갈래로 갈라져 말려 올라가
면서 씨앗을 튕긴다.

여러해살이풀

자라는 곳 들, 산자락
꽃 빛깔 진분홍빛
꽃 피는 때 8~9월
크기 30~50cm

○ 선이질풀. 줄기가 선다. 07.24

○ 둥근이질풀. 높은 산에서 자란다. 08.15

○ 미국쥐손이. 꽃이 작고 연하다. 06.01

○ 미국쥐손이 뿌리잎. 11.01

○07.23

설악초(대극과)

원산지가 미국이며, 뜰에 심거나 꽃꽂이 재료로 쓰기 위해 들여왔다. 잎 전체가 분을 바른 듯 희다. 위쪽 잎은 가장자리가 하얘서 산에 눈이 내린 것처럼 보인다고 설악초라 하며, 영어로는 'snow-on-the-mountain'이다. 독성이 있는 하얀 유액이 나오므로, 눈과 피부에 닿지 않도록 조심해야 한다.

여러해살이풀

자라는 곳 집 주변
꽃 빛깔 흰빛
꽃 피는 때 6~7월
크기 60cm

322

○ 여우주머니 09.10

○ 여우구슬 09.07

○ 여우주머니 열매. 열매자루가 길다. 10.26

○ 여우구슬 열매. 열매자루가 짧다. 09.07

한해살이풀

자라는 곳 들, 풀밭,
　　　　　　빈 터
꽃 빛깔 흰빛
꽃 피는 때 7~8월
크기 15~40cm

여우주머니 (대극과)

잎이 여우 꼬리를 닮았고, 열매가 주머니 모양을 닮아
서 여우주머니다. 작은잎은 갸름하고 뾰족한 타원형
이다. 열매자루가 길어 열매가 줄기에서 조금 떨어져
달리며, 세 방향으로 불룩하다. 줄기는 털이 있고 풀
빛이다. 여우구슬은 열매가 줄기에 바짝 붙어 달린다.

○08.29

○싹 05.19

○위는 수꽃, 아래는 암꽃과 열매. 09.05

깨풀 (대극과)

잎이 작은 들깻잎을 닮았다고 깨풀이다. 잎은 끝이 뾰족하고, 가장자리에 톱니가 뚜렷하다. 암수한그루 인데 잎겨드랑이에서 나온 꽃차례 위쪽에 수꽃이 달리고, 암꽃은 그 아래 포에 싸여 달린다. 더러 위치가 바뀐 것도 있다. 어린잎을 데쳐서 쓴맛을 빼고 나물로 먹는다.

한해살이풀

자라는 곳 길가, 들
꽃 빛깔 밤빛 띠는
　　　　　붉은빛
꽃 피는 때 8~10월
크기 20~40cm

○08.01

○싹 05.01

○열매 09.25

○씨앗 10.31

피마자 (대극과)

한해살이풀	
자라는 곳	들
꽃 빛깔	연노랑빛, 붉은빛
꽃 피는 때	7~9월
크기	높이 200cm

아주까리라고도 한다. 잎은 삶아 우려서 정월 대보름에 나물로 먹고, 씨는 기름을 짜서 머리에 바르거나 약으로 쓰기 위해 심어 가꾼다. 원산지가 열대 아프리카로, 손바닥 모양 잎이 5~11갈래로 갈라진다. 열매에는 짙은 갈색 줄무늬가 있는 씨앗이 들었다.

◦땅빈대. 잎이 작고 끝이 둥글며, 열매에 털이 없다. 09.12

◦큰땅빈대. 잎이 크고, 열매에 털이 없다. 08.13

◦애기땅빈대. 잎이 작고 붉은 갈색 반점이 있으며, 열매에 털이 있다. 09.19

땅빈대 (대극과)

땅 위에 퍼져 자라고, 잎이 작은 것을 빈대에 비유하여 땅빈대라 한다. 열매도 빈대 같다. 최근 땅빈대와 애기땅빈대, 큰땅빈대를 뭉뚱그려 비단풀이라 하며, 약초로 쓴다. 대극과 식물답게 잎이나 줄기를 자르면 흰 액이 나온다. 땅빈대와 애기땅빈대는 땅에 바짝 붙어서 자라고, 큰땅빈대는 서서 자란다.

<table>
<tr><td colspan="2">한해살이풀</td></tr>
<tr><td>자라는 곳</td><td>밭, 빈 터</td></tr>
<tr><td>꽃 빛깔</td><td>분홍빛 도는 자줏빛</td></tr>
<tr><td>꽃 피는 때</td><td>8~9월</td></tr>
<tr><td>크기</td><td>10~30cm</td></tr>
</table>

●열매가 풍선을 닮았다. 10.16

○꽃 09.25

○씨 10.16

풍선덩굴 (무환자나무과)

한해살이풀	
자라는 곳	관상용으로 재배
꽃 빛깔	흰빛
꽃 피는 때	8~10월
크기	덩굴로 자람

열매가 풍선처럼 생겼고, 덩굴로 자라서 풍선덩굴이다. 원산지인 남아메리카에서는 여러해살이풀인데, 우리나라에서는 겨울을 나지 못해 한해살이풀이다. 열매 모양이 특이해서 관상용으로 심는다.

○ 08.01

○ 열매 07.30

○ 톡 터진 열매. 09.24

봉선화(봉선화과)

봉숭아라고도 한다. 활짝 핀 꽃이 상상의 동물인 봉황을 닮았다고 봉선화다. 꽃과 잎을 찧어 손톱에 물들이면 잘 빠지지 않아 자연 염색 재료로 많이 쓴다. 유행가 가사처럼 잘 익은 열매는 건드리기만 해도 톡 터지는데, 이 때 씨앗이 멀리 튀어 자손을 퍼뜨린다.

한해살이풀

자라는 곳 뜰
꽃 빛깔 흰빛, 분홍빛, 붉은빛
꽃 피는 때 7~8월
크기 60cm 정도

○잎 05.12   ○06.17

두해살이풀
자라는 곳 뜰
꽃 빛깔 흰빛, 붉은빛, 자줏빛 등
꽃 피는 때 6월
크기 200~260cm

접시꽃 (아욱과)

옆으로 넓게 벌어지는 큰 꽃과 열매, 씨앗이 접시를 닮았다. 원산지가 중국인 두해살이풀로, 여러 가지 색 꽃을 보기 위해 뜰에 심어 가꾼다. 5~7개로 얕게 갈라진 손바닥 모양 잎과 꽃이 무궁화를 닮았다. 꽃잎이 떨어지면 꽃받침 다섯 개가 오므라든다.

○ 09.09

○ 열매 10.03

○ 꽃 08.09

돌외 (박과)

작은잎이 다섯 장인 돌외는 거지덩굴과 헷갈리기 쉽
다. 하지만 거지덩굴보다 잎이 얇고, 꽃차례와 줄기도
가늘고, 꽃이 원뿔꽃차례로 핀다. 암수딴그루고 열매
는 검은 녹색으로 익는다. 잎과 줄기는 인삼처럼 사
포닌 성분이 많아서 성인병을 치료하는 차로 쓰여 덩
굴차라고도 한다.

두해살이풀

자라는 곳 숲 가장자리
꽃 빛깔 노란빛 띠는
      풀빛
꽃 피는 때 8~9월
크기 덩굴로 자람

o 08.17

o 꽃 06.23

o 열매 09.28

여러해살이풀

자라는 곳 남쪽 지역
　　　　　풀밭이나
　　　　　빈 터
꽃 빛깔 연한 풀빛
꽃 피는 때 6~8월
크기 덩굴로 자람

거지덩굴(포도과)

아무 데나 잘 자라는 덩굴이라서, 벌레 먹은 잎이 누더기 같아서 거지덩굴이라는 설이 있다. 작은잎 다섯 장이 모인 잎인데, 가운데 큰 잎 잎자루가 길다. 녹색 꽃잎은 대개 아침에 피자마자 떨어지고, 꽃받침이 붉어져 꽃 대신 곤충을 불러들인다. 암술과 수술이 어울린 모습이 왕관을 닮았다.

331

○고추나물 꽃. 08.29

○고추나물 잎. 05.30

○고추나물 열매. 10.31

○좀고추나물. 잎과 꽃이 작다. 09.19

고추나물 (물레나물과)

열매가 고추를 닮았고, 어린순을 나물로 먹어서 고추나물이다. 줄기에 두 장씩 마주나는 잎이 오려 낸 듯 깔끔하다. 잎 표면에 작고 검은 점이 많으며, 잎자루가 없고 밑 부분이 줄기를 감싼다. 꽃은 대개 오전에 활짝 피었다가 오후에 시든다.

여러해살이풀

자라는 곳 산과 들의 축축한 곳
꽃 빛깔 노란빛
꽃 피는 때 7~8월
크기 20~60cm

○ 08.01

○ 잎 05.31

○ 열매 08.13

한해살이풀	
자라는 곳 산의 습지	
꽃 빛깔 노란빛	
꽃 피는 때 6~8월	
크기 50~80cm	

물레나물(물레나물과)

어린순을 나물로 먹고, 꽃잎이 한쪽으로 휜 모습이 물레와 닮았다고 물레나물이다. 어릴 때는 고추나물과 비슷한데, 다 자라면 키와 잎과 꽃이 훨씬 크고 잎 끝이 뾰족하다. 커다랗고 휜 꽃잎을 보면 한눈에 차이점을 알 수 있다. 암술대가 수술보다 긴 것을 큰물레나물이라 했지만, 물레나물로 통합되었다.

333

o 07.01

o 싹 06.01

o 열매 09.21

어저귀 (아욱과)

줄기 껍질로 옷감을 만들어 쓰려고 오래 전에 인도에서 중국을 거쳐 들여왔는데, 야생에 퍼져 자란다. 키가 아주 크고 잎도 시원시원하며, 전체가 털로 덮였다. 잎은 끝이 뾰족한 심장 모양이고, 잎자루가 길다. 왕관이나 연탄 모양 열매가 달린다.

한해살이풀

자라는 곳 밭, 들
꽃 빛깔 노란빛
꽃 피는 때 7~9월
크기 150cm 정도

○08.06

○달맞이꽃 뿌리잎. 12.25

○애기달맞이꽃. 전체가 작고, 줄기에 선 털이 많다. 07.02

두해살이풀

자라는 곳 들, 빈 터
꽃 빛깔 노란빛
꽃 피는 때 7~8월
크기 50~90cm

달맞이꽃(바늘꽃과)

달이 뜰 때쯤 피는 꽃이라고 달맞이꽃이다. 저녁 무렵에 피었다가 아침이면 시든다. 뿌리잎은 겨우내 발그레한 빛으로 지내다가, 봄이면 줄기를 키워 올린다. 꽃봉오리가 터지는 시간이 짧아서 달 밝은 밤이나 가로등 아래에서 관찰하면 봉오리가 톡 터지는 걸 볼 수 있다. 씨는 기름을 짠다.

○ 열매가 이슬 같다. 08.22

○ 잎 06.08

○ 꽃. 씨방도 이슬 같다. 08.02

털이슬(바늘꽃과)

열매 겉에 있는 하얀 갈고리 모양 털이 작고 동그란 열매와 어우러진 모습이 마치 이슬 같다고 털이슬이다. 전체에 가는 털이 있고, 가운데 잎맥이 뽀얗다. 꽃은 줄기나 가지 끝에 달리는데, 꽃이 핀 뒤 꽃차례가 더 길어진다. 꽃잎과 꽃받침이 두 장씩이다.

여러해살이풀

자라는 곳 산 응달
꽃 빛깔 흰빛
꽃 피는 때 8~9월
크기 20~60cm

o 쥐털이슬. 털이 없고, 잎과 줄기에 붉은 자줏빛이 돈다. 07.20

o 쥐털이슬 어린잎. 06.07

337

o 초여름 모습. 06,11

o 꽃 08,21

o 가을 모습. 10,26

개미탑 (개미탑과)

줄기는 기다가 윗부분이 선다. 봄에 줄기가 뻗기 시작
할 때 마주난 잎이 다닥다닥 붙어, 끝 부분이 서면 마
치 개미가 탑을 세워 놓은 듯하다고 개미탑이다. 줄기
윗부분에는 잎이 어긋나게 달리기도 한다.

여러해살이풀

자라는 곳 산이나
　　　들의 풀밭
꽃 빛깔 붉은빛,
　　　노란 밤빛
꽃 피는 때 7~8월
크기 10~30cm

o 큰피막이, 잎아래가 겹쳐진다. 10.11

o 선피막이, 잎아래가 겹쳐지지 않는다. 10.11

o 큰피막이 꽃, 꽃줄기가 잎 위로 올라온다. 06.01

o 선피막이, 잎에 선 털이 있고, 꽃이 잎아래 있다. 07.03

여러해살이풀	
자라는 곳	풀밭, 축축한 곳
꽃 빛깔	노란빛 띠는 풀빛
꽃 피는 때	6~9월
크기	10~15cm

큰피막이 (산형과)

이 풀을 찧어 피가 나는 데 붙이면 멎어서 피막이다. 큰피막이는 꽃대가 잎 위로 길게 올라와서 꽃이 피고, 잎아래가 겹쳐지며, 가장자리가 얕게 갈라지고, 둥근 톱니가 있다. 선피막이는 잎에 긴 털이 많고, 잎아래가 벌어지며, 가장자리가 깊게 갈라진다.

○참당귀. 붉은 자줏빛 꽃이 핀다. 07.27

○왜당귀. 흰 꽃이 핀다. 06.01

○참당귀 잎. 05.10

○왜당귀 잎. 04.25

참당귀 (산형과)

붉은 자줏빛 참당귀는 이 땅에 자생하는 우리 약초
다. 일본에서 들어온 당귀는 왜당귀, 별명이 일당귀
다. 참당귀나 왜당귀 모두 기운 없을 때 먹으면 기력
이 돌아온다고, 뿌리를 먹으면 젊음이 돌아온다고 당
귀라 한다. 잎은 쌈으로 먹고, 뿌리는 약으로 쓴다.
전체에서 한약 같은 냄새가 난다.

여러해살이풀

자라는 곳 산의 계곡
꽃 빛깔 붉은 자줏빛
꽃 피는 때 8~9월
크기 100~200cm

ㅇ시호 08.23

ㅇ시호 잎. 08.23

ㅇ개시호. 잎이 시호보다 넓고, 줄기를 감싼다. 07.30

여러해살이풀

자라는 곳 산의 풀밭
꽃 빛깔 노란빛
꽃 피는 때 7~9월
크기 40~70cm

시호(산형과)

전체에 털이 없다. 뿌리는 굵고 짧은데, 약으로 쓴다. 줄기는 가늘고 곧게 서며, 가지가 갈라진다. 잎은 어긋나고, 날 때마다 꽂꽂한 줄기 방향이 조금씩 틀어진다. 꽃은 가지 끝이나 잎겨드랑이에 달리고, 어린잎은 나물로 먹는다.

○ 기름나물 08.27

○ 갯기름나물. 바닷가에서 자란다. 07.02

○ 기름나물 어린잎. 04.14

○ 갯기름나물 어린잎. 04.28

기름나물 (산형과)

잎과 줄기가 기름을 바른 것처럼 반질반질하고, 향기
가 좋은 정유 성분이 있으며, 어린순을 나물로 먹어
서 기름나물이다. 줄기는 가지가 많이 갈라지고, 붉은
자줏빛이 돌기도 한다. 씨방에 벌레가 슬어 열매처럼
둥글어지기도 한다. 약으로 쓰면 해독 작용을 한다.

여러해살이풀

자라는 곳 양지바른
산기슭
꽃 빛깔 흰빛
꽃 피는 때 7~9월
크기 30~90cm

342

○05.19

○잎 05.19

○열매 07.01

여러해살이풀	갯방풍(산형과)

여러해살이풀

자라는 곳 바닷가
　　　　　　모래땅
꽃 빛깔 흰빛
꽃 피는 때 5~7월
크기 5~20cm

갯방풍(산형과)

중풍을 막는 약으로 쓰고, 바닷가에서 자란다고 갯방풍이다. 바닷가 모래땅에서 잘 자란다. 잎은 두껍고 끝이 둥글거나 둔하며, 톱니가 있다. 초여름에 피는 작은 꽃이 모여서 둥글어지고, 둥근 꽃이 다시 모여 더 크게 둥글어지는 겹산형꽃차례로 핀다. 잎은 나물해 먹고, 뿌리는 약으로 쓴다.

343

○09.15

○싹 04.02

○마른 꽃차례. 02.05

궁궁이 (산형과)

산의 골짜기 근처에서 자란다. 중국에서 들여와 약재로 재배하는 천궁과 약효가 비슷하여 토천궁이라고도 한다. 산형과 식물 가운데 꽃이 큰 편이고 소담하다. 위쪽 잎은 나룻배처럼 생긴 잎집이 되어 줄기와 잎을 감싸다가 내놓는데, 끝에 작은잎이 있다. 어린잎은 나물로 먹는다.

여러해살이풀

자라는 곳 산골짜기
꽃 빛깔 흰빛
꽃 피는 때 8~9월
크기 80~150cm

344

○ 06.01

○잎 04.01

○뿌리 09.27

한두해살이풀

자라는 곳 밭
꽃 빛깔 흰빛
꽃 피는 때 6~8월
크기 100cm 정도

당근(산형과)

우리나라 어디에서나 잘 자라는 채소로 재배한다. 뿌리는 굵고 곧게 내리며, 거꾸로 된 원뿔 모양이다. 뿌리는 주황빛이나 적색이며, 카로틴 성분이 많다. 키가 크게 자라며, 줄기에 세로 능선이 있고, 퍼진 털이 있다. 뿌리를 날것이나 익혀서 먹는다.

○ 08.24

○ 어린잎 04.23

○ 열매 10.26

어수리 (산형과)

줄기는 굵고 속이 비었으며, 긴 털이 많다. 꽃은 가지 끝과 줄기 끝에 둥그런 겹산형꽃차례로 달린다. 바깥쪽 꽃잎은 안쪽보다 훨씬 크고, 두 개는 깊이 갈라진다. 어린순은 향긋하고 쫄깃쫄깃해서 나물로 먹는다.

여러해살이풀
자라는 곳 산의 풀밭
꽃 빛깔 흰빛
꽃 피는 때 7~8월
크기 70~150cm

○참나물. 흰 꽃이 핀다. 07.28

○참나물 잎. 06.10

○큰참나물 꽃. 자줏빛이다. 10.02

○큰참나물 잎. 06.09

여러해살이풀
자라는 곳 산의 숲 속 응달
꽃 빛깔 흰빛
꽃 피는 때 6~8월
크기 50~80cm

참나물 (산형과)

어린잎을 나물로 먹는데, 맛과 향이 좋아서 최고의 나물이라는 뜻으로 참나물이라고 한다. 참나물은 흰 꽃이 피고, 큰참나물은 자줏빛 꽃이 핀다. 날것으로 먹어도 좋고, 데쳐서 무쳐도 맛있다. 미나리처럼 물김치를 담그기도 한다.

○수정난풀. 가을에 피고, 암술머리가 누렇다. 09.23

○나도수정초. 5월쯤 피고, 암술머리가 파랗다. 05.19

○수정난풀 열매. 09.30

○구상난풀. 연한 황백색이다. 08.28

수정난풀(노루발과)

수정처럼 맑다고 수정난풀이다. 광합성을 하지 않아
엽록소를 만들지 못해서 수정처럼 맑다. 스스로 양분
을 만들지 못하는 부생식물이다. 잎은 퇴화되어 비늘
모양이고, 꽃은 옆이나 아래를 보고 피었다가 곧게
선다. 가을에 피는 수정난풀은 암술머리가 누런빛이
고, 봄에 피는 나도수정초는 푸른빛이다.

여러해살이풀

자라는 곳 산의
나무 그늘
꽃 빛깔 맑은 흰빛
꽃 피는 때 9월
크기 8~15cm

348

○ 좁쌀풀. 마주난 잎과 돌려난 잎이 있다. 08.09

○ 참좁쌀풀. 꽃 안쪽이 붉다. 09.05

○ 앉은좁쌀풀(현삼과). 반기생식물로 키가 작다. 09.24

여러해살이풀

자라는 곳 볕이
　　　　　　잘 드는
　　　　　　산이나 들
꽃 빛깔 노란빛
꽃 피는 때 6~8월
크기 40~100cm

좁쌀풀(앵초과)

이름과 달리 크기가 80cm 가까이 되는 앵초과의 풀이다. 꽃이 피기 전 꽃봉오리가 다닥다닥 달린 모습이 좁쌀을 뿌려 놓은 것 같다. 줄기는 곧게 서고, 땅속줄기는 옆으로 뻗는다. 잎은 마주나거나 3~4장씩 돌려나며, 잎자루가 없다. 참좁쌀풀은 꽃 안쪽에 붉은빛이 돈다.

○06.04

○어린 모습. 05.23

○잎 가장자리와 뒤에 털이 많다. 06.27

○줄기에 털이 빽빽하다. 06.27

까치수염 (앵초과)

까치수영, 꽃꼬리풀이라는 별명이 있다. 밑으로 흰 꽃차례는 아래부터 차례대로 피어 올라간다. 주로 저수지나 늪 주변처럼 조금 축축한 들에서 자란다. 산에서 흔히 볼 수 있는 것은 대부분 큰까치수염이다. 전체가 뿌옇게 보일 만큼 털이 많고, 잎이 훨씬 갸름한 점이 큰까치수염과 다르다.

여러해살이풀

자라는 곳 축축한 풀밭
꽃 빛깔 흰빛
꽃 피는 때 6~8월
크기 50~100cm

o 큰까치수염. 큰까치수영이라고도 한다. 07.01

o 큰까치수염 잎. 까치수염보다 넓고 윤기가 난다. 05.31

o 갯까치수염. 갯까치수영이라고도 한다. 05.29

o 갯까치수염 뿌리잎. 바닷가에서 자란다. 11.11

○잎 09.07   ○09.29

큰벼룩아재비 (마전과)

땅에 바짝 붙어 자라며, 대부분 키가 10cm도 안 된
다. 기다란 꽃줄기에는 잎이 없고, 우산살처럼 난 작
은 꽃대 끝에 꽃이 하나씩 핀다. 잎은 마주나며 줄기
밑에 모여 난다. 뿌리에서 한약 냄새가 난다. 열매 윗
부분이 둘로 갈라졌다가 합쳐지는 모습이 특이하다.

한해살이풀

자라는 곳 중부 지방
　　　　　아래쪽
　　　　　들판이나
　　　　　산길가
꽃 빛깔 흰빛
꽃 피는 때 8~10월
크기 5~15cm

○ 07.11

○ 풋열매 09.09

○ 익은 열매. 01.04

여러해살이풀	
자라는 곳	들, 집 주변, 산자락
꽃 빛깔	자줏빛, 흰빛
꽃 피는 때	7~8월
크기	200~300cm

박주가리 (박주가리과)

열매껍질이 박 바가지를 닮아서 박주가리다. 갈라지는 모습도 박을 자르듯 반으로 갈라진다. 잎과 줄기를 자르면 독이 있는 흰 액이 나온다. 심장 모양 잎은 두껍고, 잎자루가 길다. 열매가 익으면 갓털이 달린 씨가 바람을 타고 날아가는데, 갓털로 도장밥이나 바늘 쌈지를 만든다.

o 덩굴박주가리. 자줏빛이나 연둣빛 꽃이 피고, 윗부분이 덩굴성이다. 08.31

o 왜박주가리. 왜소하고 덩굴성이며, 자줏빛 꽃이 핀다. 07.16　o 왜박주가리 열매. 10.06

o 흑박주가리. 꽃이 자줏빛이고, 위쪽이 덩굴성이다. 07.28　o 흑박주가리 열매. 07.28

354

o 큰조롱. 덩굴로 자란다. 06.23

o 큰조롱 잎. 06.04

o 산해박 06.30

o 큰조롱 열매. 08.09

o 산해박 열매. 07.16

○메꽃. 잎아래가 갈라지지 않고 밋밋하다. 07.16

○갯메꽃. 바닷가에서 자라고 잎이 심장 모양이다. 05.29

○애기메꽃. 잎아래가 갈라진다. 06.22

메꽃 (메꽃과)

꽃 모양이 나팔꽃과 비슷하지만, 연분홍빛인 점이 다르다. 잎도 나팔꽃과 달리 로켓 모양이다. 덩굴손이 없고, 줄기가 뻗어 나가면서 자란다. 어린순과 뿌리는 먹는다. 애기메꽃은 꽃이 메꽃과 닮았는데 잎 아래가 갈라지고, 꽃자루 윗부분에 날개가 있다.

여러해살이풀

자라는 곳 들, 빈 터
꽃 빛깔 연분홍빛
꽃 피는 때 6~8월
크기 덩굴로 자람

356

○나팔꽃. 잎이 보통 3갈래로 갈라지고, 털이 있다. 08.06

○둥근잎나팔꽃. 잎이 심장 모양이다. 10.14

○둥근잎유홍초. 잎이 심장 모양이고, 꽃은 주황빛이다. 09.11

○애기나팔꽃. 꽃과 잎이 작고, 잎은 심장 모양이다. 09.11

한해살이풀	
자라는 곳	집 주변
꽃 빛깔	자줏빛, 하늘빛, 보랏빛, 흰빛 등
꽃 피는 때	7~10월
크기	300cm 정도

나팔꽃 (메꽃과)

꽃 모양이 나팔을 닮아서 나팔꽃이다. 꽃봉오리가 나사처럼 말렸다가 풀리면서 핀다. 나팔꽃은 새벽에 활짝 피었다가 아침이 되면 시들기 시작해, 오후 2시쯤 거의 시들기 때문에 '아침의 영광(morning glory)'이라는 별명이 있다.

○ 08.29

○ 꽃 09.27

○ 열매 10.20

새삼 (메꽃과)

한해살이풀

다른 식물의 영양을 빨아먹는 덩굴성 기생식물이다.
붉은빛을 띠는 줄기는 굵은 철사 같고, 물기가 많다.
줄기가 다른 식물에 달라붙어 영양분을 빨아들이기
시작하면 스스로 뿌리를 잘라 낸다. 잎은 퇴화되어 비
늘 모양으로 남았고, 열매는 '토사자'라 해서 약으로
쓴다.

자라는 곳 산과 들
꽃 빛깔 흰빛
꽃 피는 때 7월 말~9월
크기 줄기
300~500cm

○미국실새삼. 아무 식물에나 기생한다. 07.26   ○미국실새삼. 기주식물의 양분을 빨아먹는다. 09.23

○실새삼. 콩과 식물에 기생한다. 07.10

○10.03

○잎 05.02

○꽃봉오리와 열매. 08.27

누린내풀(마편초과)

누린내 같은 냄새가 나서 누린내풀이다. 암술대와 수술대가 반원처럼 둥글게 휘는데, 그 모습이 옛날에 과거 급제한 사람이 삼일유가 다닐 때 사모에 꽂은 어사화 같다. 꽃봉오리도 음표나 반점같이 생겨서 귀엽다. 전체에 털이 많고, 가지가 많이 갈라진다.

여러해살이풀

자라는 곳 산과 들
꽃 빛깔 푸른 자줏빛
꽃 피는 때 7~9월
크기 100cm 정도

o 쉽싸리 싹. 04.01

o 쉽싸리 08.09

o 애기쉽싸리. 쉽싸리보다 작고, 잎의 톱니가 적다. 08.02

여러해살이풀	
자라는 곳	습지 주변
꽃 빛깔	흰빛
꽃 피는 때	6~8월
크기	100cm 정도

쉽싸리(꿀풀과)

쉽사리라고도 한다. 원줄기는 네모나고 속이 비었다. 마주나는 잎은 밑 부분이 좁아져 날개 있는 잎자루처럼 되고, 가장자리에 톱니가 많다. 줄기 윗부분 잎겨드랑이에 흰 꽃이 자잘하게 피어 층층이 달린다. 어린 순은 나물로 먹고, 줄기와 잎을 '택란'이라는 한약재로 쓴다.

○07.21

○어린잎 04.10   ○자란 잎. 06.11

속단 (꿀풀과)

이을 '속', 끊을 '단'으로 뼈가 부러졌을 때 약으로 쓰
면 잘 붙는다고 속단이다. 줄기는 네모나고, 잎은 길
이 13cm에 너비 10cm 정도 된다. 잎은 위로 올라갈
수록 작아지고, 꽃은 잎겨드랑이에 층층이 돌려나거
나 가지 끝에 달린다. 꽃에는 보드라운 털이 빽빽하
다. 어린순은 나물로 먹는다.

여러해살이풀

자라는 곳 산의 숲 속
꽃 빛깔 자줏빛 섞인
분홍빛
꽃 피는 때 7월
크기 100cm 정도

362

○ 꽃 08.15

○ 어린 모습. 04.29

○ 자란 모습. 06.16

송장풀(꿀풀과)

전체에 보드라운 털이 빽빽하다. 꽃이 피기 전에 잎을 만지면 벨벳 같은 느낌이다. 흰 꽃에 검은 자줏빛 꽃가루가 특이한데, 유령 분장을 하고 두 눈만 쏙 내민 듯한 모습이다. 꽃은 줄기 위쪽 잎겨드랑이마다 층층이 돌려 핀다. 꽃잎에 자줏빛 줄무늬가 있다.

○07.30

○뿌리잎 03.26

○자란 잎. 07.06

익모초 (꿀풀과)

익모초는 엄마한테 이로운 약이 된다는 뜻의 한약
재 이름이다. 줄기에 흰 털이 있고, 가지가 많이 갈라
진다. 마주나는 잎은 세 갈래로 깊게 갈라지고, 다시
2~3갈래 갈라진다. 꽃은 위쪽 잎겨드랑이에 층층이
돌려난다. 생으로 즙을 내거나 말려서 달여 먹는데,
아주 쓰다.

두해살이풀

자라는 곳 들
꽃 빛깔 연자줏빛
꽃 피는 때 7~8월
크기 50~100cm

○들깨. 꽃이 작다. 09.05

○참깨. 꽃이 크다. 07.27

○들깨 잎과 열매. 10.06

○참깨 어린잎. 06.01

한해살이풀
자라는 곳 들
꽃 빛깔 흰빛
꽃 피는 때 7~8월
크기 100cm 정도

들깨 (꿀풀과)

들깨와 깻잎을 얻기 위해 심어 가꾸며, 전체에서 독특한 냄새가 난다. 특히 깻잎은 향이 진해서 고기나 회를 먹을 때 느끼함을 덜고 풍미를 돋우는 쌈 채소로 좋다. 씨앗 이름도 들깨인데, 들기름을 짜거나 가루 내어 양념으로 쓴다. 참깨는 참기름과 깨소금을 얻기 위해 심는다.

ㅇ꽃 08.01

ㅇ싹 04.12

ㅇ자란 잎. 10.12

박하(꿀풀과)

잎에 있는 기름샘에서 화한 기름이 나와서, 잎을 뜯어 맛을 보면 박하사탕을 입에 문 것 같다. 잎에서 짠 박하기름은 치약, 박하사탕, 화장품의 향료로 쓴다. 예전에는 가까이 심어 두고 설사약으로 달여 먹기도 했다. 줄기는 네모나고 잎은 마주난다.

여러해살이풀

자라는 곳 습기 있는
들판, 뜰
꽃 빛깔 연보랏빛
꽃 피는 때 7~10월
크기 30~60cm

366

○07.18

○싹 05.09

○자란 잎. 05.26

여러해살이풀

자라는 곳 논둑, 습지
꽃 빛깔 연자줏빛
꽃 피는 때 5월 말~8월
크기 30~60cm

석잠풀 (꿀풀과)

석잠은 날도래과 곤충 애벌레인 물여우의 한약재 이
름이다. 초석잠은 뿌리가 물여우나 누에를 닮았고,
우리나라에 자생하지 않는다. 석잠풀은 꽃과 잎, 줄
기가 초석잠과 비슷해서 붙은 이름으로 보인다. 약간
축축한 땅에서 잘 자란다. 줄기는 네모나고 곧으며,
잎은 마주난다. 어린순은 나물로 먹는다.

◦ 곽향. 꽃차례가 성기다. 07.11

◦ 개곽향. 꽃차례가 촘촘하다. 07.14

◦ 곽향 잎. 09.04

◦ 개곽향 자라는 모습. 07.14

곽향(꿀풀과)

향기 나는 풀이라는 뜻이 있는 한자 곽향(藿香)에서
온 이름으로, 특별한 향기가 난다. 더위 먹었을 때 약
으로 쓴다. 줄기는 곧게 서고, 옆으로 뻗는 가지가 있
다. 전체에 털이 퍼져 난다. 잎은 마주나고, 잎자루가
길다. 모양이 특이한 꽃이 한쪽으로 성기게 달린다.
개곽향은 꽃차례가 촘촘하고, 축축한 곳에서 자란다.

여러해살이풀

자라는 곳 산과 들의
축축한 곳
꽃 빛깔 분홍빛 띠는
연자줏빛
꽃 피는 때 7~8월
크기 20~30cm

○ 층층이꽃. 줄기와 꽃받침에 자줏빛이 돈다. 08.06

○ 산층층이. 전체가 풀빛이고, 자줏빛이 돌지 않는다. 08.10

여러해살이풀
자라는 곳 산, 들
꽃 빛깔 연자줏빛
꽃 피는 때 7~8월
크기 15~40cm

층층이꽃(꿀풀과)

꽃이 잎겨드랑이마다 층층이 달린다고 층층이꽃이다.
네모난 줄기는 곧게 자라다가 위에서 갈라진다. 잎은
마주나며, 잎자루가 있다. 전체에 자줏빛이 돌고, 짧
은 털이 있다. 어린순은 나물로 먹고, 뿌리는 약으로
쓴다. 산층층이는 전체가 풀빛을 띤다.

○ 08.23

○ 어린잎 05.16

○ 열매 08.16

물꽈리아재비 (현삼과)

물가에 살고, 열매가 꽈리의 열매를 닮아서 물꽈리아
재비다. 전체가 연하고 털이 없으며, 물기가 많다. 줄
기는 네모나고 밑에서 갈라진다. 잎자루가 길고, 잎은
1.5~4cm다. 열매는 꽈리처럼 꽃받침에 싸였다. 애기
물꽈리아재비는 꽃받침과 꽃자루가 짧다.

여러해살이풀

자라는 곳 산의 물가, 습지
꽃 빛깔 노란빛
꽃 피는 때 6~7월
크기 10~30cm

o 꽃며느리밥풀. 포 밑에 털이 있다. 07.09

o 알며느리밥풀. 포 윗부분까지 털이 있다. 08.24

o 애기며느리밥풀. 잎과 포가 가녀리다. 08.29

o 알며느리밥풀 잎. 05.25

한해살이풀	
자라는 곳 산	
꽃 빛깔 붉은 분홍빛	
꽃 피는 때 7~10월	
크기 30~50cm	

꽃며느리밥풀 (현삼과)

꽃에 밥알 같은 무늬가 있어 이름에 '며느리밥풀'이
붙었다. 줄기 능선과 잎에 잔털이 있다. 줄기에 마주
나는 잎은 끝이 뾰족하다. 줄기 위쪽에 입술 모양 꽃
이 여러 송이 달린다. 꽃며느리밥풀은 잎처럼 생긴 포
밑 부분에만 가시 같은 털이 있고, 알며느리밥풀은
포 윗부분까지 가시 같은 털이 있다.

○07.30

○잎 07.18

○열매 07.31

해란초 (현삼과)

주로 바닷가에서 자라고, 꽃이 난초처럼 아름답다고 해란초다. 전체에 분을 바른 듯 흰빛이 돌고, 물기가 많다. 줄기는 곧게 서거나 비스듬히 자란다. 잎은 마주나거나 3~4장씩 돌려나고, 어긋나기도 한다. 전체를 약으로 쓴다. 노란 꽃에 주황빛 무늬가 특이하다.

여러해살이풀

자라는 곳 바닷가
모래땅
꽃 빛깔 연노란빛
꽃 피는 때 7~8월
크기 15~40cm

○ 08.07

○ 어린 모습. 06.06

○ 씨방이 길고, 꽃에 털이 있다. 08.09

한해살이풀

자라는 곳 산과 들의
　　　　　양지쪽 풀밭
꽃 빛깔 노란빛
꽃 피는 때 7~8월
크기 30~60cm

절국대 (현삼과)

다른 식물에서 영양분을 빼앗는 반기생식물이다. 성난 뱀이 입을 쩍 벌린 듯한 꽃이 피는데, 윗입술 꽃잎 위에 긴 털이 있고, 속에는 붉은 무늬가 짙다. 잎은 마주나거나 어긋나고, 새 깃처럼 갈라진다.

○ 어린 모습. 04.29　　　○08.29

꼬리풀 (현삼과)

꽃줄기 끝에 피는 꽃이 짐승의 긴 꼬리를 닮아서 꼬리풀이라 한다. 꼬리풀 종류 가운데 잎이 가장 가늘고, 선 모양이다. 잎 길이 4~8cm에 너비 0.5~0.8cm로 좁다. 잎은 마주나거나 어긋난다. 꽃줄기가 여리고 가늘다. 긴산꼬리풀은 가지가 많이 갈라지고, 부산꼬리풀은 잎이 국화 잎을 닮았다.

여러해살이풀

자라는 곳 산이나 들의 풀밭
꽃 빛깔 보랏빛
꽃 피는 때 7~8월
크기 40~80cm

o 큰구와꼬리풀. 잎이 구와꼬리풀보다 잘게 갈라진다. 08.16   o 구와꼬리풀. 잎이 국화 잎을 닮았다. 08.13

o 산꼬리풀. 가지가 거의 갈라지지 않는다. 08.09   o 큰산꼬리풀. 가지가 갈라진다. 08.29

o 긴산꼬리풀 잎. 마주나거나 돌려난다. 07.20   o 부산꼬리풀. 부산에서 발견되었다. 08.02

○08.24

○싹 05.13

○자란 잎. 06.11

송이풀(현삼과)

뒤틀리듯 흰 꽃이 꽃대 끝에 모여 송이가 된다고 송이
풀이다. 줄기는 곧게 서거나 밑동에서 구부러져 나며,
가지가 갈라지는 것도 있다. 잎은 어긋나거나 마주나
고 잎자루가 있으며, 가장자리에 톱니가 있다. 잎이
마주난 마주송이풀은 송이풀에 통합되었다.

여러해살이풀

자라는 곳 깊은 산 속
풀밭
꽃 빛깔 분홍빛 도는
자줏빛
꽃 피는 때 8~9월
크기 30~70cm

o 구름송이풀. 높은 산에서 자란다. 08.20

o 흰송이풀. 흰 꽃이 핀다. 07.28

o 애기송이풀. 키가 작고, 봄에 핀다. 04.13

o 나도송이풀(나도송이풀속). 끈끈한 털이 있다. 09.28

○09.09

○싹 05.19

○잎 07.31

쥐꼬리망초 (쥐꼬리망초과)

꽃차례가 쥐꼬리 모양을 닮았다고 쥐꼬리망초라는
이름이 붙었다. 전체에 짧은 털이 있다. 줄기에 세로
줄이 있어 사각형으로 만져지고, 잎은 마주난다. 꽃
은 줄기나 가지 끝에 이삭 모양으로 달리고, 꽃차례
길이는 2~5cm다.

한해살이풀

자라는 곳 들, 길가,
산기슭
꽃 빛깔 분홍빛 띠는
보랏빛
꽃 피는 때 7~9월
크기 20~30cm

○꽃 07.30

○잎 06.02

○줄기 모습. 07.10

여러해살이풀

자라는 곳 산과 들의
그늘
꽃 빛깔 연보랏빛, 흰빛
꽃 피는 때 7~9월
크기 70cm 정도

파리풀(파리풀과)

뿌리를 찧어서 종이에 먹여 파리를 잡았다고 파리풀
이다. 파리한테 독이 되는 풀이라고 승독초라고도 한
다. 벌레 물린 데 찧어 붙이면 해독 작용을 한다. 전
체에 가는 털이 있다. 꽃받침 끝이 가시처럼 되어 사
람의 옷이나 동물 털에 잘 붙는다. 세계적으로 1속
1종인 식물이다.

○ 꼭두서니. 꽃 핀 모습. 09.04

○ 꼭두서니 열매. 10.05

○ 꼭두서니. 잎이 4장씩 돌려난다. 04.16

○ 갈퀴꼭두서니. 잎이 6∼10장씩 돌려난다. 05.11

꼭두서니 (꼭두서니과)

꼭두색(붉은색)을 물들이는 풀이라고 꼭두서니다. 뿌
리로 붉은색이나 노란색 물을 들인다. 잎이 네 장씩
돌려나면 꼭두서니, 6∼10장이면 갈퀴꼭두서니다. 줄
기와 잎에 잔가시가 있어 살갗이 긁히기 쉽다. 공 모
양 열매는 까맣게 익는다. 어린순은 나물로 먹고, 뿌
리를 약으로 쓴다.

여러해살이풀

자라는 곳 숲가
꽃 빛깔 풀빛 도는
연노란빛
꽃 피는 때 6∼8월
크기 70cm 정도

○08.24

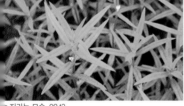

○자라는 모습. 08.13   ○열매 08.24

한해살이풀

자라는 곳 풀밭,
　　　　　 산길 옆
꽃 빛깔 연분홍빛
꽃 피는 때 7~9월
크기 20~50cm

백령풀 (꼭두서니과)

원산지가 북아메리카인 귀화식물로, 서해 백령도에서
처음 발견되어 백령풀이라고 한다. 지금은 곳곳에 퍼
져 남쪽 지방의 산길에서도 볼 수 있다. 줄기는 밑에
서 많이 갈라지고, 붉그레한 빛이 돌며, 짧은 털이 많
다. 잎은 두 장씩 마주나고 잎자루가 없는데, 잎 사이
에 굵고 긴 털이 수염처럼 난다.

○ 싹 04.05　　○ 06.04

솔나물 (꼭두서니과)

여러해살이풀

잎이 솔잎을 닮았고, 어린순을 나물로 먹는다고 솔나
물이다. 짧은 바늘 모양 잎이 8~10장 돌려난다. 작고
노란 꽃이 줄기 끝이나 잎겨드랑이에서 꽃가루가 엉
긴 듯 모여 핀다. 꽃은 끝이 뾰족하게 네 갈래로 갈라
지고, 수술도 네 개다. 전체를 약으로 쓴다.

자라는 곳 산과 들의
풀밭
꽃 빛깔 노란빛
꽃 피는 때 6~8월
크기 50~100cm

○09.23

○덜 갈라진 잎. 08.24

○많이 갈라진 잎. 08.05

○꽃. 바깥쪽 꽃이 가장 크다. 08.05

두해살이풀	
자라는 곳	중부 지방 북쪽의 깊은 산
꽃 빛깔	보랏빛
꽃 피는 때	7~8월
크기	50~90cm

솔체꽃 (산토끼꽃과)

깊은 산에 나는 두해살이풀로, 전체에 털이 많다. 줄기잎은 위로 올라갈수록 새 깃 모양으로 갈라진다. 납작한 꽃이 하늘을 보고 줄기와 가지 끝에 한 송이씩 피며, 꽃의 안쪽에는 네 갈래로 갈라진 통꽃이 핀다. 가장자리에는 다섯 갈래로 갈라진 통꽃이 피고, 바깥쪽 갈래 조각(열편)이 가장 크다.

o 수꽃(왼쪽)과 암꽃. 08.10

o 싹 05.28

o 호박 10.14

o 호박 암꽃과 수꽃 견주어 보기. 09.02

호박(박과)

중국을 통해 들어온 박이라고 오랑캐 '호'자를 붙여 호박이다. 먹는 애호박이나 청둥호박을 얻기 위해 심고, 더러 관상용으로 심기도 한다. 호박잎은 쪄서 쌈으로 먹고, 청둥호박은 약으로도 쓴다. 암꽃과 수꽃이 한 그루에 따로 피며, 암꽃에는 털이 보송한 작은 호박이 달린다.

o 하늘타리 07.28

o 노랑하늘타리 08.08

o 하늘타리 열매. 02.01

o 하늘타리 잎. 08.18

o 노랑하늘타리 잎. 08.07

한해살이풀

자라는 곳 산과 들
꽃 빛깔 흰빛
꽃 피는 때 7~8월
크기 덩굴로 자람

하늘타리 (박과)

주먹만 한 수박이 매달린다고 하늘수박이라고도 한다. 꽃은 암수딴그루로 밤에 피고, 날이 밝으면 오므라든다. 하늘타리는 잎이 5~7갈래로 깊게 갈라지고, 열매가 주황색이다. 노랑하늘타리는 잎이 3~5갈래로 얕게 갈라지고, 열매가 노란색이다. 뿌리가 고구마처럼 굵고, 뿌리와 열매, 씨를 약으로 쓴다.

○ 수꽃 09.19

○ 암꽃(오른쪽). 씨방이 달렸다. 10.27

○ 열매 10.07

수세미오이(박과)

어린 열매는 오이를 닮았고, 익은 열매는 수세미로 쓴다고 수세미오이가 되었다. 수세미외라고도 한다. 암꽃과 수꽃이 한 그루에 따로 핀다. 줄기를 잘라서 받은 수액은 화장수나 약으로 쓴다. 익은 열매에는 그물 조직이 발달하여 목욕 타월이나 설거지용 수세미로 쓴다.

한해살이풀
자라는 곳 집 주변
꽃 빛깔 노란빛
꽃 피는 때 8∼9월
크기 덩굴로 자람

○ 수꽃. 씨방이 없다. 09.25

○ 암꽃. 씨방이 달렸다. 09.25

○ 덜 익은 열매. 10.07

○ 익은 열매. 09.23

한해살이풀	
자라는 곳	집 주변
꽃 빛깔	연노란빛
꽃 피는 때	8~9월
크기	길이 200~500cm

여주 (박과)

한자어 여지에서 유래된 이름이다. 원산지가 열대 아시아인 덩굴식물이며, 식용이나 약용, 관상용으로 심어 가꾼다. 암꽃과 수꽃이 같은 떨기에 따로 핀다. 열매에 혹 모양 돌기가 있고, 양 끝이 뾰족하다. 익으면 벌어지고, 붉은 과육은 단맛이 난다. 덜 익은 열매는 볶아 먹거나 차로 끓여 마신다.

○08.18

○싹 04.11

○자라는 모습. 04.26

더덕 (초롱꽃과)

뿌리를 나물로 먹거나 약으로 쓴다. 산의 숲 속에서 자라지만, 밭에 심어 가꾸기도 한다. 도라지 뿌리는 쓴맛이 나는데, 더덕은 쓴맛이 나지 않는다. 잎은 짧은 가지 끝에 네 개씩 모여 달린 것처럼 보인다. 줄기와 잎을 자르면 흰 액이 나오는데, 뿌리처럼 향긋하다.

여러해살이풀

자라는 곳 산의 숲 속
꽃 빛깔 겉은
　　　　　연한 풀빛,
　　　　　안은 자줏빛
꽃 피는 때 8~9월
크기 200cm 정도

○도라지 07.23

○도라지 잎. 07.01

○홍노도라지. 잎이 동그랗다. 05.22

○애기도라지. 잎이 갸름하다. 05.09

도라지(초롱꽃과)

여러해살이풀

자라는 곳 산과 들
꽃 빛깔 보랏빛, 흰빛
꽃 피는 때 7~8월
크기 40~80cm

산과 들에 절로 자라고, 뿌리를 반찬이나 약으로 쓰기 위해 밭에서도 가꾼다. 재배하는 것은 3년쯤 지나면 썩지만, 절로 자라는 것은 오래 묵기도 한다. 제사나물로 빠지지 않는데, 쓴맛을 우려내고 먹는다. 공모양으로 부푼 꽃봉오리가 터지면서 꽃이 핀다. 흰꽃이 피는 것도 있다.

○ 원추꽃차례로 가지가 갈라진다. 07.21

○ 싹 04.06

○자란 잎. 06.11

모시대 (초롱꽃과)

모싯대, 꽃이 잔대와 닮아 모시잔대라고도 한다. 뿌리에서 난 잎은 윤기가 나고, 가장자리에 날카로운 톱니가 있으며, 끝이 뾰족한 심장 모양이다. 어린순은 나물해 먹고, 뿌리는 약으로 쓴다. 원추꽃차례로 줄기 끝에 꽃이 여러 송이 달리고, 가지가 갈라진다. 도라지모시대는 총상꽃차례다.

여러해살이풀

자라는 곳 산의 숲 속
　　　　　그늘 진 곳
꽃 빛깔 보랏빛
꽃 피는 때 7~9월
크기 40~100cm

392

◦초롱꽃. 자줏빛이 도는 꽃도 있다. 05.30

◦섬초롱꽃. 흰 꽃도 있다. 06.04

◦초롱꽃 잎. 06.15

◦섬초롱꽃 잎. 05.06

여러해살이풀

자라는 곳 산과 들
꽃 빛깔 흰빛,
　　　　연한 붉은빛
꽃 피는 때 5월 말~8월
크기 30~100cm

초롱꽃(초롱꽃과)

꽃 모양이 예전에 밤길에 들고 다니던 청사초롱을 닮아서 초롱꽃이다. 전체에 거친 털이 있다. 흰빛이나 연한 붉은빛 안쪽에 짙은 자줏빛 얼룩이 있는 꽃이 아래를 향해 핀다. 뜰에 심어 가꾸기도 하고, 어린잎은 나물해 먹는다. 섬초롱꽃은 전체에 털이 적고, 꽃받침에 털이 거의 없다.

○06.26

○어린잎 04.17

○자란 잎. 10.07

수염가래꽃 (초롱꽃과)

여러해살이풀

자라는 곳 논둑이나
습지
꽃 빛깔 연보랏빛
꽃 피는 때 5~8월
크기 3~15cm

논둑이나 습지에 자라는 여러해살이풀이다. 다섯 갈래로 갈라진 꽃 모양이 마치 놀이할 때 붙이는 수염 같다고 수염가래꽃이다. 열 갈래 꽃을 가위로 잘라낸 반쪽으로 보이기도 한다. 전체에 털이 없고, 줄기가 땅에 깔리며, 마디에서 뿌리가 나온다. 전체를 해충 해독제로 쓴다.

○ 06.26

○ 뿌리잎 04.16

○ 줄기잎 07.01

한두해살이풀	
자라는 곳	길가, 빈 터
꽃 빛깔	노란빛
꽃 피는 때	6~10월
크기	30~100cm

기생초 (국화과)

원산지가 북아메리카로, 심어 가꾸던 것이 퍼져서 자란다. 노란 꽃 가운데 짙은 밤빛 무늬가 있어서, 기생이 전모를 쓰고 예쁘게 차려 입은 모습이 떠오른다. 줄기잎은 가늘고 마주나며, 새 깃 모양으로 갈라진다. 겨울을 나는 뿌리잎은 이듬해 올라오는 줄기잎과 다르게 생겼다.

○ 열매와 잎. 10.07   ○ 10.07

도깨비바늘 (국화과)

한해살이풀

자라는 곳 산과 들의
                빈 터
꽃 빛깔 노란빛
꽃 피는 때 8~10월
크기 30~100cm

바늘같이 가늘고 긴 씨앗 끝에 가시 같은 털이 있어
동물 털이나 사람 옷에 잘 붙는데, 도깨비처럼 알지도
못하는 사이에 붙는다고 도깨비바늘이다. '귀침초(鬼
針草)'라는 한약재 이름으로도 불린다. 혀 모양 꽃(설
상화)은 노란 꽃잎이 보통 1~3장이다. 어린순은 나물
해 먹고, 생즙은 약으로 쓴다.

o 울산도깨비바늘. 혀 모양 꽃이 없거나 매우 작다. 11.07

o 흰도깨비바늘. 흰 꽃이 핀다. 10.18

o 울산도깨비바늘 잎. 09.10

o 울산도깨비바늘 열매. 09.24

○08.23

○ 겨울을 나는 뿌리잎. 주맥이 붉은빛을 띤다. 11,23

○ 줄기잎 07.13

망초 (국화과)

이 풀이 밭에 우거지면 농사를 망친다고 망초다. 일제 강점기에 많이 보이던 풀이라고 망국초라 부르다가 망초가 되었다는 말도 있다. 작은 꽃 하나에도 아주 많은 씨가 생겨 금방 번진다. 가을에 난 뿌리잎과 봄에 난 줄기잎이 다르게 생겼다. 잎은 위로 올라갈수록 가늘어진다.

두해살이풀

자라는 곳 밭, 길가나 빈 터
꽃 빛깔 흰빛
꽃 피는 때 7~9월
크기 50~150cm

○ 큰망초. 꽃이 망초보다 조금 크다. 09.01

○ 큰망초 뿌리잎. 털이 있어 뽀얀 녹색으로 보인다. 02.05

○ 실망초. 꽃이 큰망초보다 크다. 07.20

○ 실망초 뿌리잎. 털이 많고, 가장자리가 오므라든다. 03.02

○07.27

○겨울을 나는 뿌리잎. 02.05 ○순이 올라오기 시작한 모습. 04.14 ○줄기잎 05.10

개망초 (국화과)

흰 꽃 가운데가 노란색이라 달걀꽃이라는 별명이 있다. 원산지가 북아메리카다. 일제 강점기에 들어와서 망국초로 불리다가 줄어든 망초에, 비슷하지만 다르다는 뜻이 있는 접두사 '개'를 붙여 개망초로 설명한다. 한번 밭에 우거지면 농사를 망치는 풀이라는 한자어 개망초(皆亡草)로 풀이하기도 한다.

두해살이풀

자라는 곳 들, 길가, 빈 터
꽃 빛깔 흰빛
꽃 피는 때 5~9월
크기 30~100cm

400

o 주걱개망초. 줄기잎에 톱니가 거의 없지만, 듬성듬성 있는 것도 더러 있다. 06.04

o 주걱개망초 뿌리잎. 03.21

o 주걱개망초 잎. 주걱 모양이다. 04.19

○ 노루발 06,01

○ 매화노루발. 꽃이 매화를 닮았다. 06,05

○ 노루발. 잎이 둥글고 크다. 11,12

○ 매화노루발. 노루발보다 작고, 원줄기가 있다. 01,22

노루발 (노루발과)

녹제초(鹿蹄草)라는 한자 이름을 풀이해서, 잎이 노루 발굽을 닮아 노루발이라 한다. 아래를 보고 달린 꽃이 노루 발굽을 닮아서 노루발이라는 말도 있다. 겨울에도 잎이 싱싱하게 살아 있는 늘푸른풀이다. 매화노루발은 키가 작고, 잎이 갸름하며, 꽃이 매화를 닮았다.

여러해살이풀

자라는 곳 산의 숲 속
꽃 빛깔 흰빛
꽃 피는 때 6~7월
크기 10~20cm

○꽃봉오리 07.15

○07.15

여러해살이풀

자라는 곳 높은 산
꽃 빛깔 흰빛
꽃 피는 때 6~8월
크기 7~25cm

참기생꽃 (앵초과)

꽃이 작고 아름다워서 예쁜 기생에 비유한 이름이다. 가녀린 꽃대에 깔끔하고 단아한 꽃이 핀다. 긴 꽃자루 끝에 하나씩 피고, 통꽃인데 깊게 갈라져 갈래꽃처럼 보인다. 잎은 줄기 끝에 모여 나서 돌려난 듯 보인다. 기생꽃은 참기생꽃보다 작고, 고산 습지에 사는 희귀식물이다.

403

○ 산솜다리 08.28

○ 산솜다리 뿌리잎. 08.28

○ 왜솜다리. 산솜다리보다 털이 적고, 키가 크다. 08.25

산솜다리 (국화과)

전체에 흰 솜털이 있는 솜다리는 남녘에서 볼 수 없고, 설악산 등지에 있는 건 산솜다리다. 에델바이스와 비슷한 종류지만, 같은 식물은 아니다. 무분별한 채취 때문에 멸종위기식물로 관리되며, 최근 생태 복원 작업이 진행되고 있다.

여러해살이풀

자라는 곳 중부 지방 북쪽의 높은 산 바위 틈
꽃 빛깔 노란빛
꽃 피는 때 6~7월
크기 30cm 정도

○ 잔디밭에서 자라는 모습. 09.19

○ 로제트 모양으로 돌려난 뿌리잎. 10.21

○ 열매 09.19

풀솜나물 (국화과)

전체에 솜 같은 털이 많고, 어린순을 나물로 먹는 풀
이라고 풀솜나물이다. 양지바른 풀밭에서 자란다. 뿌
리잎과 줄기잎 모두 좁고 윤기가 있다. 잎 앞면은 털
이 조금 있고 풀빛을 띠는데, 뒷면은 털이 빽빽해서
흰빛을 띤다. 꽃차례 바로 밑에 3~5개 잎이 별 모양
으로 돌려난다.

○엉겅퀴. 잎이 새 깃 모양이다. 06.16

○엉겅퀴 뿌리잎. 03.15

○고려엉겅퀴. 잎이 덜 갈라지고 달걀형이다. 09.25

엉겅퀴 (국화과)

피를 엉기게 하여 지혈 작용을 해서 엉겅퀴라는 설이
유력하다. 봄에 나물로 먹는데, 잎에 가시가 있어 가
시나물이라고도 한다. 줄기와 잎에 털이 있다. 잎은
새 깃처럼 갈라지고, 갈래 조각 가장자리는 다시 갈
라지며, 끝에 날카로운 가시가 있다. 전체를 약으로
쓴다.

한해살이풀
자라는 곳 산, 들의 풀밭
꽃 빛깔 자줏빛
꽃 피는 때 5~8월
크기 50~100cm

o 버들잎엉겅퀴. 잎이 버들잎처럼 가늘다. 09.25

o 정영엉겅퀴. 누른빛을 띤 흰 꽃이 핀다. 08.27

o 지느러미엉겅퀴. 줄기에 날개가 있다. 06.15

o 큰엉겅퀴. 키가 크고, 잎이 새 깃 모양이다. 09.04

o 06.01

o 싹 03.15

o 자란 잎. 엉겅퀴처럼 잎이 갈라지지 않는다. 04.15

조뱅이 (국화과)

엉겅퀴를 닮은 꽃이 봄부터 여름까지 핀다. 잎 가장자리에 가시 달린 톱니가 있고, 털이 많다. 엉겅퀴보다 작아서, 엉겅퀴보다 가시가 작다고 한약재 이름은 '소계'다. 암수딴그루로 암꽃이 수꽃보다 갸름하고 길다. 뿌리는 약으로 쓰고, 어린순은 나물로 먹는다.

두해살이풀

자라는 곳 들이나 빈 터
꽃 빛깔 연자줏빛
꽃 피는 때 5~8월
크기 25~50cm

408

○07.20

○싹 05.13

○자란 잎. 06.13

여러해살이풀

자라는 곳 산
꽃 빛깔 풀빛 도는
　　　　　노란빛
꽃 피는 때 7~9월
크기 35~90cm

박쥐나물(국화과)

잎이 박쥐가 날개를 펼친 모양을 닮았고, 어린순을 나물로 먹는다고 박쥐나물이라 한다. 높은 산에서 자라며, 전체에 털이 거의 없고, 마디가 하나씩 생길 때마다 줄기가 조금씩 틀어진다. 손바닥 모양으로 펼쳐진 큰 잎이 시원스럽다.

o 09.09

o 싹 04.08

o 뿌리잎 09.09

금불초 (국화과)

여러해살이풀

자라는 곳 산과 들의
 풀밭
꽃 빛깔 노란빛
꽃 피는 때 7~9월
크기 20~60cm

옛 사람들은 금불초의 노란 꽃을 보고 금불상을 떠
올린 것 같다. 금불초를 한자로 풀이하면 금부처꽃이
다. 금전화라는 별명도 있는데, 동그랗고 노란 꽃이
금화를 닮았다고 생각한 모양이다. 뿌리줄기가 뻗으
면서 자라 무리짓고, 아래 잎은 꽃이 필 때 스러진다.
어린순은 나물해 먹고, 꽃은 약으로 쓴다.

○08.30

○뿌리잎. 잎 뒷면이 흰 빛을 띤다. 07.25

○줄기잎 08.13

여러해살이풀
자라는 곳 산의 풀밭
꽃 빛깔 푸른빛 도는 보랏빛
꽃 피는 때 7~8월
크기 100cm 정도

절굿대(국화과)

꽃 모양이 절굿공이를 닮아서 절굿대라 한다. 씨가 다 날아간 뒤의 모습이 절굿공이를 더 많이 닮았다. 전체에 흰 솜털이 나고, 특히 잎 뒷면이 흰빛을 띤다. 뿌리잎은 깃 모양으로 깊게 갈라진다. 어긋나기로 붙는 줄기잎은 갈래가 5~6쌍이고, 가장자리에 가시 달린 톱니가 있다.

○도꼬마리 열매. 가시가 짧고 성기다. 09.06

○큰도꼬마리 열매. 가시가 길고 촘촘하며, 윤이 난다. 09.21

○도꼬마리 잎. 06.15

○큰도꼬마리 잎. 09.09

도꼬마리 (국화과)

열매 겉에 갈고리 같은 가시가 있어 다른 물체에 잘 붙는다. 이 종류의 열매가 바지에 붙은 걸 보고 벨크로(매직테이프)를 발명했다고 한다. 열매는 '창이자'라 해서 약으로 쓴다. 큰도꼬마리는 전체가 크고, 열매에 난 가시가 길고 빽빽하며, 열매 겉에 털이 없어 윤기가 난다.

한해살이풀

자라는 곳 들이나 길가, 빈 터
꽃 빛깔 풀빛
꽃 피는 때 8~9월
크기 15~100cm

412

○07.16

○자란 모습. 05.15

○줄기잎과 꽃봉오리. 07.16

두해살이풀	
자라는 곳	밭
꽃 빛깔	붉은빛 도는 노란빛
꽃 피는 때	7~8월
크기	100cm 정도

잇꽃 (국화과)

꽃에서 붉은빛 염료를 얻어 홍화라고도 한다. 열매는 볶아서 물을 끓여 먹거나 기름을 짜고, 꽃은 노란 물이나 붉은 물을 들이는 데 쓰며, 약으로 쓰기도 한다. 잎은 가시가 많고, 꽃은 노란빛으로 피었다가 붉어진다. 어린순은 나물로 먹는다.

413

○ 08.09

○ 뿌리잎 04.26

○ 줄기잎 07.26

겹삼잎국화(국화과)

삼잎국화와 비슷한데 꽃잎이 여러 겹이라 겹꽃삼잎국
화, 키가 커서 키다리노랑꽃 혹은 키다리꽃이라고도
한다. 관상용으로 심어 가꾸며, 어린순은 나물로 먹
는다. 아래쪽 잎은 새 깃 모양으로 여러 차례 갈라지
고, 위로 올라갈수록 덜 갈라진다.

여러해살이풀
자라는 곳 뜰
꽃 빛깔 노란빛
꽃 피는 때 7~8월
크기 150~200cm

◦ 원추천인국. 꽃 가운데가 밤빛이다. 06.30

◦ 원추천인국 뿌리잎. 02.02

◦ 삼잎국화. 윗부분 잎은 보통 3∼5갈래로 갈라진다. 08.17

◦ 삼잎국화 뿌리잎. 08.17

○ 08.01

○ 꽃 가운데 별 모양 작은 꽃이 모여 있다. 08.02

○ 작은 꽃 하나에 씨가 하나씩 맺힌다. 10.28

해바라기(국화과)

꽃이 해를 바라보며 핀다고 해바라기다. 실제로는 꽃이 피기 전에만 해를 따라 움직인다. 해가 닿는 쪽 줄기와 해가 닿지 않는 쪽 줄기의 생장 속도가 다르기 때문이다. 꽃이 피면 생장 호르몬이 개화 호르몬으로 바뀌어 해를 따라 움직이지 않는다. 씨는 먹거나 기름을 짠다.

한해살이풀

자라는 곳 꽃밭, 마을 주변
꽃 빛깔 노란빛
꽃 피는 때 8~9월
크기 200cm 정도

416

○돼지풀 08.27

○단풍잎돼지풀. 키가 크고, 잎이 단풍잎을 닮았다. 09.09

○돼지풀아재비. 잎이 돼지풀을 닮았다. 08.16

한해살이풀
자라는 곳 길가, 빈 터
꽃 빛깔 노란빛 띠는 풀빛
꽃 피는 때 8~9월
크기 100cm

돼지풀 (국화과)

영어 hogweed를 직역한 이름이다. 전체에 털이 많고, 잎이 쑥처럼 갈라진다. 원산지가 아메리카인 귀화식물로, 꽃가루가 알레르기 비염과 호흡기 질환을 일으키는 것으로 알려져 환경위해식물로 지정되었다. 두드러기풀이라는 별명도 있다. 꽃이 줄기와 가지 끝에 피는데 수꽃은 위에, 암꽃은 아래에 달린다.

○08.29

○뿌리잎. 잎자루가 길고 날개가 있다. 05.01

○꽃. 줄기에 꽃이 많이 달린다. 08.29

담배풀 (국화과)

잎이 담뱃잎과 닮아서 담배풀이다. 꽃차례에 열매도 담뱃대 모양으로 붙는다. 전체에 가는 털이 있고, 독특한 냄새가 난다. 뿌리잎은 꽃이 필 때쯤 없어진다. 꽃은 잎겨드랑이에 하나씩 달린다. 어린순은 나물로 먹고, 자란 것은 약으로 쓰며, 열매는 '학슬'이라는 한 약재로 쓴다.

두해살이풀

자라는 곳 산기슭, 숲길 둘레
꽃 빛깔 노란빛
꽃 피는 때 8~10월
크기 50~100cm

○ 긴담배풀. 꽃 지름이 좀담배풀보다 작다. 09.09

○ 좀담배풀. 꽃 지름이 1.5～1.8cm다. 08.27

○ 긴담배풀. 꽃 지름이 0.6～0.8cm다. 09.09

○ 좀담배풀 열매. 지름이 1.5～1.8cm다. 11.04

○ 긴담배풀 뿌리잎. 잎자루 날개가 좁다. 06.09

○ 좀담배풀 뿌리잎. 잎자루 날개가 넓다. 03.29

○06.05

○뿌리잎 02.12

○줄기잎 06.05

수레국화 (국화과)

줄기나 가지 끝에 피는 꽃이 수레바퀴를 닮아 수레국화가 되었다고 한다. 하지만 일본 이름 야구루마기쿠(矢車菊)에서 구루마기쿠(車菊)를 빌려서 그렇게 부른 듯하다. 야구루마(矢車)는 화살집을 말하는데, 수레국화 꽃이 새 깃을 단 화살을 잔뜩 꽂은 것 같다.

한두해살이풀

자라는 곳 공원,
　　　　　　집 주변
꽃 빛깔 보랏빛, 흰빛,
　　　　　　붉은빛 등
꽃 피는 때 6~8월
크기 30~90cm

○ 꽃 07.01 ○ 자라는 모습. 06.09

○ 싹 04.20

○ 어린잎 04.30

여러해살이풀

자라는 곳 산의 숲 속
꽃 빛깔 연자줏빛 도는 흰빛
꽃 피는 때 6월 말~9월
크기 70~120cm

우산나물 (국화과)

잎이 우산 모양을 닮았고, 나물로 먹는다고 우산나물이다. 어릴 때는 털이 많은데 차츰 없어진다. 큰 잎은 잎몸이 7~9개로 갈라지고, 갈래 조각은 다시 갈라진다. 가장자리에 날카로운 톱니가 있다. 새순이 날 때는 접은 우산 같고, 자라면 펼친 우산 같다.

o 붉은톱풀(왼쪽)과 톱풀. 08.13

o 톱풀 잎. 04.11

o 서양톱풀 잎. 갈라진 잎이 또 갈라진다. 07.14

톱풀(국화과)

잎이 톱니처럼 갈라졌다고 톱풀이다. 가위질한 것 같다고 가새풀이라고도 한다. 줄기 위쪽에서 가지가 많이 갈라진다. 어린순은 나물로 먹고, 꽃이 핀 줄기는 약으로 쓴다. 붉은톱풀은 잎이 톱풀과 비슷하고, 붉은 꽃이 핀다. 서양톱풀은 갈라진 잎이 또 갈라진다.

여러해살이풀

자라는 곳 산과 들의
풀밭
꽃 빛깔 흰빛
꽃 피는 때 7~10월
크기 50~120cm

○꽃 08.28

○뿌리잎 04.13

○열매 08.28

멸가치 (국화과)

잎자루에 날개가 있는 뿌리잎은 넓고 크며, 꽃이 핀 뒤에도 있다. 잎 뒷면에는 흰 솜털이 많다. 큰 잎이나 튼튼한 줄기에 견주면 꽃이 작다. 머리 모양 꽃(두상화)은 가장자리에 암꽃, 가운데 수꽃이 핀다. 열매 겉에는 끈끈한 액이 나오는 털이 있어 잘 달라붙는다. 어린잎은 나물로 먹는다.

423

○09.19

중대가리풀(국화과)

잎겨드랑이에 달리는 머리 모양 꽃이나 열매가 스님의 머리를 닮아 중대가리풀이 되었다고 한다. 어긋나는 잎은 주걱 모양과 비슷하고, 윗부분에 톱니가 있다. 가운데의 암수갖춘꽃(양성화)과 가장자리의 암꽃이 모여 머리 모양 꽃이 된다. 전체를 눈에 백태가 끼었을 때 약으로 쓴다.

o 잎겨드랑이에 핀 풀빛 꽃. 09.19

o 갈색이 도는 자줏빛 꽃도 흔히 볼 수 있다. 09.19

○ 08.29

○ 열매 09.09

○ 어린잎 04.21

○ 자란 잎 07.28

조밥나물 (국화과)

줄기나 잎을 자르면 흰 액이 나온다. 줄기는 곧게 서고, 위쪽에서 가지가 많이 갈라진다. 줄기에 어긋나는 잎은 두껍고 거칠며, 끝이 뾰족하고 밑 부분이 좁아진다. 잎 가장자리에는 뾰족한 톱니가 불규칙하게 있고, 꽃자루에 짧은 털이 조금 있다. 어린순은 나물로 먹는다.

두해살이풀

자라는 곳 산과 들의 숲 주변, 습지
꽃 빛깔 노란빛
꽃 피는 때 7~10월
크기 30~100cm

426

가을

○잎 09.11   ○09.22

올챙이솔 (자라풀과)

올챙이가 쓰는 솔이라 할 정도로 꽃이 작은 풀이다.
땅속줄기가 옆으로 자라고, 원줄기는 갈라져서 잎이
많이 달린다. 어긋나는 잎은 줄처럼 가늘고, 여름에
꽃대가 물 위로 나와서 꽃이 핀다. 꽃받침, 꽃잎, 수
술이 세 개씩이다. 암술대는 하나고, 끝이 세 개로 갈
라진다.

한해살이풀

자라는 곳 논, 도랑
꽃 빛깔 흰빛
꽃 피는 때 7~8월
크기 5~25cm

428

o 잎이 줄기 위쪽까지 난다. 12.05

o 싹. 듬성듬성 일정하게 난다. 04.20

o 대나무를 닮은 줄기. 11.21

o 갈대와 억새 견주어 보기. 05.03

여러해살이풀

자라는 곳 바다 가까운
　　　　　강가, 습지
꽃 빛깔 밤빛
꽃 피는 때 9월
크기 100~300cm

갈대 (벼과)

옛 이름은 '갈'인데, 줄기가 대나무처럼 생겼다고 갈대
가 되었다. 뿌리줄기가 땅 속으로 뻗으며 마디에서 줄
기를 내어 일정한 간격으로 무리지어 자란다. 잎은 줄
기 위까지 듬성듬성 나며, 잎맥 가운데가 풀빛이다.
이삭으로 비를 만들고, 줄기로 자리나 발을 엮었으
며, 예전에는 초가 지붕도 이었다.

○잎이 모여 나고, 주맥이 희다. 07.14　○09.16

억새 (벼과)

여러해살이풀

잎 가장자리의 날카로운 톱니에 손을 베기 일쑤라서 억센 풀(새)이라고 억새다. 이삭으로 비를 만들었고, 억센 줄기나 잎으로는 자리나 발을 엮었으며, 지붕도 이었다. 굵은 뿌리줄기가 땅 속에서 옆으로 퍼져서 한데 뭉쳐나므로 뽑아 내기 어렵다. 갈대와 달리 잎의 주맥이 하얗다.

자라는 곳 산이나 들
꽃 빛깔 밤빛 도는 자줏빛
꽃 피는 때 9월
크기 100~200cm

430

○ 물억새. 마디가 억새보다 짧고 많다. 11.18

○ 달뿌리풀 09.17

○ 물억새 잎. 나란히 모여 난다. 06.08

○ 달뿌리풀 잎. 뿌리줄기가 땅 위에서 옆으로 뻗는다. 09.22

○조개풀 09.28

○주름조개풀 10.01

○조개풀 잎. 잎 가장자리와 잎집에 긴 털이 많다. 09.01

○주름조개풀 잎. 주름이 많다. 07.20

조개풀(벼과)

이삭이 필 때 조개가 입을 쏙 내민 듯 나온다. 빈 밭
이나 도랑, 길가에서 흔히 자라는 풀이다. 줄기는 밑
에서 옆으로 자라고, 마디에서 뿌리가 내리며, 윗부분
이 곧게 선다. 잎은 밑 부분이 심장 모양으로 줄기를
둘러싸며, 끝이 뾰족하다. 주름조개풀은 잎에 주름이
많다.

<table>
<tr><td colspan="2">한해살이풀</td></tr>
<tr><td>자라는 곳</td><td>도랑이나 길가의 축축한 곳</td></tr>
<tr><td>꽃 빛깔</td><td>검은 자줏빛 도는 풀빛</td></tr>
<tr><td>꽃 피는 때</td><td>8∼9월</td></tr>
<tr><td>크기</td><td>20∼50cm</td></tr>
</table>

o솔새. 이삭꽃이 모여 달리고, 붉은빛이 돈다. 08.15

o개솔새. 꽃이 성기게 달리고, 은빛이 돈다. 09.05

o솔새 잎. 촘촘하게 붙어 난다. 06.24

o개솔새 잎. 솔새보다 성기게 난다. 06.24

여러해살이풀

자라는 곳 들이나 산의
풀밭
꽃 빛깔 붉은빛 도는
누런빛
꽃 피는 때 9~11월
크기 70~100cm

솔새 (벼과)

가늘고 단단한 수염뿌리로 솔을 만들었다고 솔새라
한다. 솔새 수염뿌리는 가닥이 많고 빳빳하다. 잎 밑
부분에 털이 많고, 줄기는 모여 난다. 꽃이삭이 부챗
살 모양으로 붙어 한쪽으로 달리는 점이 개솔새와 다
르다.

○산부추 10.10

○두메부추. 꽃이 산부추보다 연한 빛깔이다. 09.23

○산부추 잎. 04.11

○두메부추 잎. 산부추보다 넓다. 05.08

산부추 (백합과)

산에서 자라는 부추라고 산부추다. 어린순과 뿌리는
나물로 먹는데, 부추처럼 전체에서 매운맛이 난다. 작
은 꽃이 줄기 끝에 모여 피는 모습이 숲에 자줏빛 꽃
폭죽을 터뜨린 것 같다. 봄에 나물로 먹는 산달래처
럼 파뿌리같이 생긴 비늘줄기가 있다.

한해살이풀

자라는 곳 산의 풀밭
꽃 빛깔 붉은 자줏빛
꽃 피는 때 8~10월
크기 30~60cm

○09.30

흰꽃나도사프란 (수선화과)

나도사프란을 닮았고, 흰 꽃이 피어 흰꽃나도사프란
이다. 잎이 가늘고 길며, 뿌리는 파뿌리처럼 생겼다.
원산지가 남아메리카로, 꽃을 보기 위해 심어 가꾼다.
꽃은 밤에 오므라들고 낮에만 핀다. 나도사프란은 잎
이 납작하고, 분홍 꽃이 핀다. 약초와 향신료로 이용
되는 사프란은 붓꽃과 식물이다.

435

○ 수그루의 수꽃. 10.07

○ 싹 03.22

○ 암그루의 암꽃. 09.06

환삼덩굴 (삼과)

굵은 철사처럼 생긴 덩굴줄기가 환(물건을 쓸어서 깎는 데 쓰는 목공구)을 닮았고, 잎이 삼베 재료인 삼잎을 닮아서 환삼덩굴이다. 줄기와 잎자루에 가시가 많아 살갗이 쓸려서 피가 맺히기 십상이다. 전체를 '율초'라는 한약재로 쓴다. 맥주의 쓴맛을 내는 홉과 같은 집안이다.

한해살이풀

자라는 곳	길가, 빈 터
꽃 빛깔	붉은빛이나 노란빛 띠는 풀빛
꽃 피는 때	7~10월
크기	500cm 정도

436

○ 09.23

○ 싹 03.30

○ 잎 10.04

○ 꽃 09.03

한해살이풀	
자라는 곳	물가
꽃 빛깔	분홍빛, 흰빛, 붉은빛
꽃 피는 때	8~10월
크기	60~80cm

고마리 (마디풀과)

물가에 살면서 물을 깨끗하게 해 주는 고마운 풀이다. 창이나 방패처럼 생긴 잎에는 얼룩무늬가 있다. 꽃잎이 없고, 꽃받침이 꽃처럼 곤충을 유혹한다. 흰색, 붉은색, 흰색 바탕에 분홍색 등 여러 빛깔로 물가에 무리지어 피면 매우 아름답다. 어린잎은 나물로 먹고, 줄기와 잎을 지혈제로 쓴다.

437

○ 잎 뒷면이 뽀얗다. 05.30　　○ 수꽃 10.19

모시풀 (쐐기풀과)

줄기 껍질로 모시를 짜기 위해 심어 가꿨는데, 저절로
퍼져 자라기도 한다. 모시풀 껍질로 짠 옷이 여름에
즐겨 입는 모시옷이다. 잎 뒷면에 솜 같은 털이 빽빽
이 나서 하얗게 보인다. 잎은 멥쌀과 함께 찧어 모시
떡을 해 먹는다. 개모시풀과 거북꼬리는 잎끝이 세 갈
래로 깊게 갈라지고, 왕모시풀은 잎이 두껍다.

여러해살이풀	
자라는 곳	밭이나 그 주변
꽃 빛깔	노란빛 도는 풀빛
꽃 피는 때	7~10월
크기	150~200cm

o 개모시풀 잎. 너비가 길이보다 길다. 09.05

o 거북꼬리 잎. 길이가 너비보다 길다. 07.14

o 왜모시풀. 잎끝이 3갈래로 깊게 갈라지지 않는다. 07.30

o 왜모시풀 꽃. 08.01

o 왕모시풀. 어릴 때 잎 가장자리에 주름이 진다. 05.29

o 개모시풀(위)과 좀깨잎나무 잎 견주어 보기. 09.06

○석류풀 09.19

○큰석류풀. 잎이 4~7장 돌려난다. 09.21

석류풀 (석류풀과)

이파리가 석류나무 잎을 닮았다고 석류풀이다. 갸름한 잎은 3~5장이 돌려나다가 줄기 윗부분에서 어긋나게 달린다. 잎과 줄기에 털이 없고, 윤기가 난다. 긴 꽃자루 끝에 꽃이 달리는데, 꽃이 진 다음 밑으로 처진다. 큰석류풀은 더 가느다란 잎이 4~7장 돌려난다.

한해살이풀
자라는 곳 밭이나 빈 터, 길가
꽃 빛깔 흰빛, 노란빛 도는 풀빛
꽃 피는 때 7~10월
크기 10~30cm

440

○열매 11.21 　　○07.01

번행초 (번행초과)

한방에서 쓰는 생약 이름이 번행초(蕃杏草)다. 바닷가에서 자라고, 전체에 사마귀 같은 돌기가 있으며, 짠맛이 난다. 잎이 두껍고 줄기가 굵어서 잘 부러진다. 봄부터 가을까지 잎겨드랑이에서 노란 꽃이 피는데, 꽃잎이 없고 꽃받침이 4~5개로 갈라진다. 어린순은 먹고, 전체를 위장약으로 쓴다.

441

○ 08.27

○ 싹 03.03

○ 어린 모습. 04.11

○ 열매껍질 03.19

투구꽃 (미나리아재비과)

꽃 모양이 예전에 군인이 싸움할 때 머리에 쓰던 투구
모양을 닮았다 해서 투구꽃이다. 손바닥 모양 잎은
3~5갈래로 깊게 갈라진다. 갈래 조각은 다시 갈라지
기도 하며, 가장자리에 톱니가 있다. 독이 있지만, 초
오속에 드는 풀의 뿌리를 '초오'라 해서 약으로 쓴다.

여러해살이풀

자라는 곳 산골짜기,
숲 속
꽃 빛깔 보랏빛
꽃 피는 때 8~9월
크기 100cm 정도

○세뿔투구꽃 잎. 05.20 ○세뿔투구꽃. 잎이 보통 3갈래로 갈라진다. 09.30

○놋젓가락나물 잎. 09.23 ○놋젓가락나물. 덩굴로 자라는 독초다. 09.23

o 10.17

o 잎 07.06

o 가을 모습. 11.01

o 겨울 모습. 12.01

바위솔 (돌나물과)

바위에 붙어서 자라고, 잎이 솔(소나무)을 닮았다고
바위솔이다. 오래 된 기와에서 잘 자란다고 와송, 지
붕에서 자란다고 지붕지기라고도 한다. 뿌리잎은 꽃
방석 모양으로 퍼지고, 선인장처럼 물기가 많아 메마
른 곳에서도 잘 자란다. 전체를 약으로 쓴다.

여러해살이풀

자라는 곳 바위 겉,
            기와 지붕
꽃 빛깔 흰빛
꽃 피는 때 9~10월
크기 30cm 정도

444

○ 난쟁이바위솔 08.04

○ 난쟁이바위솔 잎과 꽃봉오리. 07.30

○ 가지바위솔. 밑동에서 가지가 갈라진다. 11.11

○ 가지바위솔 잎. 09.27

o 오이풀 08.24

o 오이풀 잎. 04.06

o 가는오이풀 잎. 작은잎이 오이풀보다 가늘다. 09.03

오이풀(장미과)

잎을 비비면 오이 냄새가 나서 오이풀이다. 작은잎이 7~11장 달리는데, 가장자리에 톱니가 있다. 줄기는 위에서 가지가 갈라지고, 잎은 어긋나게 달린다. 꽃은 위부터 피고, 꽃잎이 없다. 어린 줄기와 잎을 먹는다. 뿌리는 한방에서 '지유'라 하며, 지혈제로 각혈이나 과다 월경 등에 사용한다.

여러해살이풀

자라는 곳 산과 들
꽃 빛깔 검붉은빛
꽃 피는 때 7~10월
크기 30~150cm

○ 산오이풀. 높은 산에서 자란다. 08,20

○ 산오이풀 잎. 05,23

○ 가는오이풀. 꽃차례와 잎이 가늘다. 09,03

○ 자주가는오이풀. 자줏빛 도는 꽃이 핀다. 10,03

447

o10.11

o어린잎 10.03

o꽃망울이 맺힌 잎(왼쪽). 08.03

o열매 10.20

물매화(범의귀과)

물기 자작한 습지를 좋아하고, 꽃이 매화를 닮아서
물매화다. 뿌리잎은 여러 장이 모여 나고, 잎자루가
길며 심장 모양이다. 뿌리잎 사이에서 꽃줄기가 여러
대 나와서 끝에 꽃이 한 송이씩 핀다. 줄기잎은 한 장
이고, 밑 부분이 줄기를 감싸듯 달린다.

여러해살이풀

자라는 곳 산자락이나
 높은 산의
 습지
꽃 빛깔 흰빛
꽃 피는 때 7~10월
크기 10~35cm

○09.09

○자란 잎. 07.07

○비수리에 생긴 벌레집. 06.21

여러해살이풀
자라는 곳 산, 들
꽃 빛깔 보랏빛 도는 흰빛
꽃 피는 때 8~9월
크기 50~100cm

비수리(콩과)

산과 들의 햇빛이 잘 드는 모래땅, 메마른 제방, 풀밭에서 잘 자란다. 약으로 쓰면 밤에 빗장을 여는 풀이라고 야관문, 뱀을 쫓는 풀이라고 사퇴초라고도 한다. 꽃 필 무렵에 말려서 약으로 쓴다. 싸리와 비슷하게 생겼지만 여러해살이풀이다. 작은잎 세 장이 붙은 잎은 줄기에 촘촘히 나고, 뒷면에 털이 있다.

449

○ 09.12

○ 자라는 모습. 09.26

○ 열매 09.26

활나물(콩과)

한해살이풀

자라는 곳 들
꽃 빛깔 푸른 보랏빛
꽃 피는 때 7~9월
크기 20~70cm

갸름한 잎이 단아한 느낌을 준다. 잎 앞면을 빼고 전
체에 긴 밤빛 털이 있다. 잎은 어긋나고 잎자루가 없
다. 꽃은 원줄기와 가지 끝에 여러 송이 달린다. 밤빛
털이 유난히 많은 꽃받침은 꽃이 진 뒤에 자라서 꼬
투리 열매를 둘러싼다. 줄기와 잎을 '야백합(野百合)'
이라고 하여 약으로 쓴다.

○ 열매 11.18   ○ 11.18

한련 (한련과)

원산지가 페루이며, 한련화라고도 한다. 둥근 방패같이 생긴 잎은 연꽃처럼 잎자루가 잎 가운데 달린다. 붉은색, 노란색 등 여러 가지 꽃이 핀다. 덜 익은 열매는 고추냉이 같은 매운맛이 나며, 익은 뒤에도 잘 벌어지지 않는다. 꽃에서도 매운 향기가 나며, 요즘은 꽃과 잎을 꽃비빔밥 재료로 쓴다.

○까치깨 꽃. 08.21

○까치깨 전체 모습. 09.10

○까치깨 꽃받침. 08.21

○수까치깨 꽃받침. 09.09

○까치깨 줄기. 08.21

○수까치깨 줄기. 09.10

까치깨(벽오동과)

열매에 참깨 같은 씨가 들었고, 야생으로 자란다고
까치깨다. 긴 꽃자루 끝에서 꽃이 아래를 보고 핀다.
줄기에 옆으로 선 긴 털이 많고, 열매는 털이 있다가
없어지며, 꽃받침이 젖혀지지 않는다. 수까치깨는 줄
기와 열매에 별 모양 털이 있고, 꽃받침이 젖혀진다.

한해살이풀

자라는 곳 산이나 들
꽃 빛깔 노란빛
꽃 피는 때 6~8월
크기 30~90cm

452

o 수까치깨. 줄기에 별 모양 털이 있다. 09.09

o 수까치깨 잎. 08.29

o 까치깨 열매. 털이 있다가 없어진다. 09.15

o 수까치깨 열매. 11.26

o 수까치깨 열매. 별 모양 털이 있다. 10.26

○09.08

○ 암술머리가 곤봉 모양이다. 09.14

○ 열매 09.10

바늘꽃 (바늘꽃과)

열매가 바늘 모양이라 바늘꽃이다. 암술머리는 곤봉 모양이다. 잎은 마주나고, 잎자루가 없이 줄기를 조금 감싼다. 꽃받침과 꽃잎이 네 장이고, 꽃잎 끝이 옴폭하다. 바늘처럼 가느다란 열매가 네 개로 갈라지면 갓털이 달린 씨앗이 바람에 날아간다. 돌바늘꽃은 암술머리가 공처럼 둥글다.

자라는 곳 냇가나 들의 습지
꽃 빛깔 연분홍빛
꽃 피는 때 7~8월
크기 30~90cm

454

○ 돌바늘꽃. 암술머리가 둥글다. 09.20

○ 분홍바늘꽃. 높은 산 풀밭에서 자란다. 07.31

○ 큰바늘꽃. 100cm 이상 크게 자라고, 암술머리가 4갈래로 갈라진다. 07.12

○10.08

○싹 03.24 ○뿌리잎 04.20

뭇미나리(산형과)

잎과 꽃이 미나리를 닮았고, 산에서 자란다고 뭇미나리다. 멧미나리라고도 한다. 키가 미나리보다 훨씬 크고, 어린순은 맛과 향이 좋아 나물로 먹는다. 주로 산의 축축한 곳이나 골짜기 둘레에서 볼 수 있다. 꽃은 줄기나 가지 끝에서 거꾸로 된 우산살 모양으로 모여 핀다. 씨는 차로 마신다.

여러해살이풀

자라는 곳 산의 축축한 곳
꽃 빛깔 흰빛
꽃 피는 때 8~9월
크기 100cm 정도

456

○꽃 09.04

○어린잎 04.11

○자란 잎. 06.18

여러해살이풀	
자라는 곳	산이나 들의 물가
꽃 빛깔	짙은 자줏빛
꽃 피는 때	8∼9월
크기	80∼150cm

바디나물(산형과)

포처럼 변한 줄기잎의 잎자루가 베틀에 바디를 끼우는 바디집을 닮았고, 어린잎을 나물로 먹어서 바디나물이다. 뿌리잎은 작은잎이 3∼5장 달렸고, 다시 3∼5 갈래로 갈라지기도 한다. 잎 가장자리에 날카로운 톱니가 있다. 산형과 식물 가운데 드물게 자줏빛 꽃이 핀다.

o 잎 07.24

o 잎과 꽃에서 쓴맛이 난다. 10.14

o 꽃봉오리 09.28

쓴풀(용담과)

전체에서 쓴맛이 난다고 쓴풀이다. 산길과 숲 가장자
리 풀밭에서 흔히 자라지만, 키가 작아서 자세히 보지
않으면 찾기 힘들다. 줄기와 잎이 입맛을 돋우고, 위
를 튼튼하게 하는 데 좋다. 마주나는 잎은 가는 선 모
양이다. 해가 지면 꽃잎이 오므라든다.

한두해살이풀

자라는 곳 산의 풀밭
꽃 빛깔 흰빛
꽃 피는 때 9~10월
크기 5~20cm

o 자주쓴풀. 꽃이 쓴풀보다 크고 자줏빛이다. 10.10

o 자주쓴풀 뿌리잎. 10.08

o 네귀쓴풀. 꽃잎 4장이 귀를 닮았다. 07.25

o 네귀쓴풀 줄기잎. 07.30

o 대성쓴풀. 대성산에서 처음 발견 · 채집되었다. 05.06

o 개쓴풀. 뿌리에 쓴맛이 없고, 꽃 안에 털이 많다. 09.27

459

○10,11

○잎 05.25

○과남풀. 잎이 좁고 길며, 꽃이 활짝 벌어지지 않는다. 08.23

용담(용담과)

여러해살이풀

자라는 곳 산지의 풀밭
꽃 빛깔 푸른 보랏빛
꽃 피는 때 8~10월
크기 20~60cm

사방으로 퍼지는 굵은 수염뿌리가 쓴맛이 강해서 '용의 쓸개'라는 뜻으로 용담(龍膽)이라 한다. 뿌리는 입맛을 돋우는 약으로 쓴다. 꽃은 뒤집어진 종 모양인데, 다섯 갈래로 갈라진다. 칼잎용담은 잎이 좁고 길며 꽃잎과 꽃받침이 수평으로 벌어지지 않고 줄기가서는데, 과남풀로 통합·정리되었다.

○09.09

○ 갈라진 잎도 있고, 갈라지지 않은 잎도 있다. 08.31

○ 고구마(덩이뿌리) 09.03

여러해살이풀

자라는 곳 밭
꽃 빛깔 보랏빛 도는
흰빛
꽃 피는 때 8~10월
크기 길이 300cm 정도

고구마 (메꽃과)

원산지가 열대 아메리카로, 일본을 거쳐 조선 영조 때 통신사 조엄을 통해 들어왔다고 한다. 고귀위마(古貴爲麻)에서 고구마로 정착되었다. 덩이뿌리를 고구마라 하며, 먹거나 알코올 재료로 쓴다. 잎자루는 나물로 먹는다. 늦여름부터 가을까지 메꽃 닮은 꽃이 더러 핀다.

o 잎 06.04

o 겨울 나는 모습. 02.27

o 09.25

층꽃나무 (마편초과)

꽃이 층층이 피고, 겨울에도 아래 줄기가 살아서 층
꽃나무라 한다. 나무가 아니고 풀이라서 층꽃풀이라
고도 한다. 줄기는 곧게 서고, 전체에 털이 있다. 잎은
마주나고 잎자루가 있으며, 잎끝이 둥글고 톱니가 있
다. 꽃은 줄기를 싸듯이 달리고, 줄기 위쪽 마디마다
층층이 핀다.

○들깨풀. 쥐깨풀보다 위쪽 잎이 둥글고, 톱니가 많다. 09.02 ○들깨풀 마른 열매. 01.01

○쥐깨풀. 들깨풀보다 잎이 갸름하고, 잎자루가 길다. 09.22

○산들깨. 잎끝이 둔하고, 줄기에 자줏빛이 돈다. 10.24

한해살이풀

자라는 곳 들이나
산길 둘레
꽃 빛깔 연한 자줏빛
꽃 피는 때 8~9월
크기 20~60cm

들깨풀 (꿀풀과)

밭에서 키우는 들깨와 닮았다고 들깨풀이다. 전체가 작지만 꽃과 잎과 열매의 모양이 비슷하고, 향기도 들깨처럼 진하다. 잎이 쥐깨풀보다 둥그스름하고, 꽃자루 바로 아래 잎은 잎자루가 없다. 쥐깨풀은 잎이 갸름하고, 잎자루가 길고 톱니도 적다. 산들깨는 잎 끝이 뾰족하지 않고, 꽃자루가 짧다.

○10.03

○어린잎 08.09

○자란 잎. 08.29

산박하(꿀풀과)

이름이 산박하지만, 박하 냄새나 맛이 없다. 잎은 위
로 갈수록 작아지고, 줄기에 마주난 잎은 잎자루가
길고 날개가 있다. 꽃줄기가 잎겨드랑이에서 나와 꽃
이 핀다. 입술 모양 꽃의 아래 꽃잎은 여자 고무신 모
양이고, 위로 선 네 갈래 꽃잎은 가운데 두 개에 짙은
무늬가 있다. 어린순은 나물로 먹는다.

여러해살이풀

자라는 곳 산의 풀밭
꽃 빛깔 자줏빛
꽃 피는 때 6~10월
크기 40~100cm

464

o 방아풀. 꽃 빛깔이 연하고, 꽃술이 길게 나온다. 09.19

o 방아풀 잎. 털이 많다. 04.21

o 오리방풀. 꽃이 진하고, 잎이 거북꼬리를 닮았다. 08.20

o 오리방풀 어린잎. 05.31

○10.14

○잎 06.28

○마른 모습. 01.10

꽃향유 (꿀풀과)

열매에서 향기 나는 기름을 짜고, 꽃이 향유보다 고
와서 꽃향유다. 줄기는 네모나고, 톱니가 있는 잎 양
면에 드문드문 털이 있다. 자줏빛 꽃이 한쪽으로 핀
다. 어린순을 나물로 먹고, 전체를 감기에 약으로 쓴
다. 달인 물로 양치질하면 입 냄새를 없애는 데 도움
이 된다.

한해살이풀

자라는 곳 산과 들의
            길가, 빈 터
꽃 빛깔 자줏빛
꽃 피는 때 9~10월
크기 30~60cm

○ 향유. 꽃차례가 갸름하고, 꽃 빛깔이 연하다. 10.07

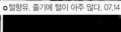

○ 털향유. 줄기에 털이 아주 많다. 07.14

○ 배초향. 꽃이 사방으로 돌려 핀다. 10.10

○ 배초향 잎. 방아라고도 하며, 추어탕에 넣어 먹는다. 07.13

o 꽃과 열매. 08.21

o 잎 06.26

o 벌레잡이주머니 06.12

땅귀개 (통발과)

열매가 귀지를 파내는 귀이개를 닮았다고 땅귀개다. 습지에서 자라는 벌레잡이식물로, 땅 속으로 뻗는 실 같은 흰 뿌리에 벌레잡이주머니(포충낭)가 달렸다. 꽃 자루가 있으며 꿀주머니가 아래로 향한다. 같은 벌레 잡이식물인 자주땅귀개, 이삭귀개, 끈끈이주걱, 통발 등과 함께 희귀식물로 지정되었다.

여러해살이풀

자라는 곳 중부 지방 아래쪽의 습지
꽃 빛깔 노란빛
꽃 피는 때 8~10월
크기 7~15cm

○ 자주땅귀개. 푸른 꽃이 피고, 멸종위기식물이다. 10.04

○ 이삭귀개. 꽃이 보랏빛이고, 꿀주머니가 옆을 향한다. 09.21

○ 자주땅귀개 뿌리. 잎과 벌레잡이주머니가 보인다. 06.26

o 노란 꽃이 핀다. 08.17

o 싹 04.21

o 갈라진 잎도 있고, 갈라지지 않은 잎도 있다. 04.25

마타리 (마타리과)

여러해살이풀

뿌리에서 된장 썩는 냄새가 난다고 패장이라고도 한다. 잎은 마주나고 갈라지며, 톱니가 날카롭다. 줄기와 가지 끝에 자잘한 노란 꽃이 우산살 모양으로 핀다. 뿌리는 약으로 쓰고, 어린순은 나물로 먹는다. 노란 꽃이 피는 마타리는 황화패장, 흰 꽃이 피는 뚝갈은 백화패장이라고도 한다.

자라는 곳 산과 들
꽃 빛깔 노란빛
꽃 피는 때 8~10월
크기 60~150cm

470

○뚝갈. 흰 꽃이 피고, 거센 털이 많다. 08.28

○뚝갈 어린잎. 04.18

○뚝갈 여름 잎. 07.01

o 09.22

o 뿌리잎 10.24

o 줄기잎 09.25

당잔대 (초롱꽃과)

둥근잎잔대라고도 한다. 잎자루가 긴 뿌리잎은 심장
모양으로 둥글다. 갸름한 줄기잎은 잎자루가 없고 어
긋나며, 가장자리에 거친 톱니가 있다. 종 모양 꽃은
아래를 보고 피며, 꽃자루가 짧고 암술이 꽃통 길이
와 비슷해서 잔대나 층층잔대처럼 암술이 길게 나오
지 않는다. 어린순과 뿌리는 먹는다.

여러해살이풀

자라는 곳 산
꽃 빛깔 보랏빛
꽃 피는 때 7~10월
크기 60~100cm

o 층층잔대. 작은 꽃이 층층이 핀다. 10.03

o 층층잔대 싹. 04.07

o 잔대. 층층잔대보다 크고, 꽃통 아래가 넓다. 08.17

o 잔대 잎. 08.17

o 숫잔대. 축축한 습지에서 자란다. 09.03

o 숫잔대 잎. 08.24

473

○09.27

○꽃봉오리 09.27

○열매 09.27

야고 (열당과)

억새 뿌리에 기생하는 한해살이풀이다. 줄기는 짧으며, 붉은 갈색 비늘 같은 잎이 몇 장 달렸다. 꽃자루는 줄기에서 나와 그 끝에 꽃이 한 송이씩 옆으로 달리며, 꽃자루 길이는 10~20cm다. 제주도 한라산에서 처음 발견되었다.

한해살이풀
자라는 곳 억새밭
꽃 빛깔 연자줏빛
꽃 피는 때 9~10월
크기 15~20cm

o 07.28

o 싹 04.11

o 열매 08.29

영아자(초롱꽃과)

염아자라고도 불렀다. 꽃잎이 다섯 갈래로 깊게 갈라
져 비비 꼬이면서 젖혀지고, 암술대가 꽃 밖으로 길게
나온 모양이 특이하다. 전체에 털이 약간 있고, 줄기
는 모가 지며, 잎은 어긋나게 달린다. 잎이나 줄기를
뜯으면 흰 액이 나오는데, 맛이 쓰지 않다. 어린잎은
나물로 먹는다.

○ 코스모스 10.13

○ 노랑코스모스 09.05

코스모스 (국화과)

한해살이풀

자라는 곳 길가
꽃 빛깔 분홍빛, 흰빛,
붉은빛
꽃 피는 때 6〜10월
크기 100〜200cm

원산지가 멕시코인 귀화식물로, 1910년대 외국 선교
사가 씨앗을 가져와 퍼졌다. 바람에 살살 흔들리는
꽃이라고 살사리꽃이라고도 한다. 줄기는 가지가 많
이 갈라지고, 털이 없다. 잎은 마주나며, 새 깃 모양으
로 잘게 갈라진다. 노랑코스모스는 잎이 코스모스보
다 넓고, 주황빛 꽃이 핀다.

o 09.15

o 잎 07.02

o 열매 10.31

여러해살이풀

자라는 곳 제주도의
바닷가
모래땅
꽃 빛깔 노란빛
꽃 피는 때 8~10월
크기 30~60cm

갯금불초 (국화과)

꽃이 금불초와 닮았고, 갯가에서 자란다고 갯금불초
라 한다. 제주도의 바닷가 모래땅에서 자라는데, 줄
기가 옆으로 기며 마디에서 뿌리를 내린다. 잎이 두껍
고 거칠다.

○잎 04.27

○09.10

○마른 모습. 12.03

삽주 (국화과)

위장에 좋다고 알려진 한약재 '백출'과 '창출'이 삽주 뿌리다. 줄기 아래 잎은 3~5갈래로 갈라지지만 위쪽 잎은 갈라지지 않고, 잎 가장자리에 바늘 모양 날카로운 가시가 있다. 가지 끝이나 위쪽 잎겨드랑이에 피는 흰색이나 붉은색 꽃은 암수딴그루다. 어린순은 나물로 먹는다.

여러해살이풀
자라는 곳 산
꽃 빛깔 흰빛, 붉은빛
꽃 피는 때 7~10월
크기 30~100cm

○09.29

○싹 03.24

○뿌리잎 10.31

한해살이풀	
자라는 곳	산과 들
꽃 빛깔	흰빛, 연보랏빛, 연분홍빛
꽃 피는 때	9~10월
크기	50cm 정도

구절초 (국화과)

음력 9월 9일(중양절)에 꺾어서 술을 담그거나 약재로 써서 구절초다. 이 때 약효가 가장 좋다고 한다. 잎이 재배하는 국화와 닮았다. 꽃 가운데가 노란빛이고, 가장자리 꽃잎은 흰색부터 분홍까지 다양하다. 전체에서 쓴맛이 나며, 부인병에 좋은 약이 된다고 한다.

o 줄기에 꽃이 많이 달린다. 10.30

o 싹 03.09

o 잎 09.08

산국 (국화과)

산에서 자라는 국화라고 산국이다. 꽃 지름이 1.5cm
정도로 감국보다 작고, 줄기 위쪽 가지가 감국보다
많이 갈라져 꽃이 많이 달린다. 향기가 강하고, 전체
에서 쓴맛이 난다. 전체를 약으로 쓰며, 꽃은 술을 담
근다. 꽃을 보기 위해 심어 가꾸기도 한다.

○ 감국. 산국보다 꽃이 크고, 차로 우렸을 때 뒷맛이 달다. 11.05

○ 산국(왼쪽)과 감국 견주어 보기. 11.04

○가막사리. 잎자루에 날개가 있고, 미국가막사리보다 톱니가 적다. 08.20

○가막사리 잎. 08.20

○가막사리 꽃. 09.02

○미국가막사리 꽃. 09.21

가막사리(국화과)

논둑이나 물가의 습지에 자라며, 잎자루에 날개가 있다. 납작한 열매에 가시 같은 털이 있어 옷이나 동물 털에 잘 붙는다. 어린순을 나물로 먹는다. 도시에서 자라는 건 거의 미국가막사리인데, 잎자루에 날개가 없고 줄기가 짙은 자줏빛이며, 혀 모양 꽃잎이 짧고 꽃싸개잎이 좁고 뾰족하다.

한해살이풀

자라는 곳 들의 습지
꽃 빛깔 노란빛
꽃 피는 때 8~10월
크기 20~150cm

○ 미국가막사리. 줄기가 짙은 자줏빛이다. 09.20

○ 나래가막사리. 혀꽃이 크고, 줄기에 날개가 있다. 09.10

○ 미국가막사리 잎. 잎자루에 날개가 없다. 07.29

○ 나래가막사리 잎. 줄기에 날개가 있다. 05.30

○ 미국가막사리 열매. 11.21

○ 나래가막사리 열매. 04.11

○ 잎 08.29

○ 꽃 09.27　　　　　　　　　○ 열매가 솜털 뭉치 같다. 08.30

주홍서나물 (국화과)

한해살이풀

잎이 쇠서나물을 닮았고, 꽃이 주홍빛을 띠어 주홍서
나물이다. 원산지가 아프리카인 귀화식물로, 꽃이 아
래를 보고 핀다. 붉은서나물은 꽃이 위를 보고 피며,
주홍빛을 띠지 않는다. 주홍서나물과 붉은서나물 모
두 나물해 먹고, 씨가 영글면 하얀 솜털처럼 뭉쳤다가
날아간다.

자라는 곳 길가, 산,
　　　　　　　빈 터
꽃 빛깔 주홍빛
꽃 피는 때 8~10월
크기 30~80cm

484

o 붉은서나물. 꽃이 위를 보고 핀다. 09.10

o 붉은서나물 잎. 08.15

o 붉은서나물 덜 갈라진 잎. 09.04

○10,27

○어린잎. 짧고 가는 털이 많이 뽀얗게 보인다. 05.29   ○자란 잎. 털이 많다. 08.10

해국 (국화과)

바닷가에서 피는 국화라고 해국이다. 전체에 짧고 가는 털이 많아 부옇게 보이며 부드럽다. 잎은 두껍고 둥그스름하며, 가장자리에 얕은 톱니가 있다. 줄기는 밑 부분에서 갈라져 줄기 끝과 가지 끝에 꽃이 모여 핀다. 주로 중부 지방 아래쪽의 바닷가에 자라는데, 공원 같은 곳에도 많이 심어 가꾼다.

여러해살이풀

자라는 곳 바닷가
꽃 빛깔 연보랏빛
꽃 피는 때 7~11월
크기 30~60cm

○ 진득찰. 줄기에 누운 털이 있다. 09.16

○ 털진득찰. 줄기에 선 털이 많다. 10.14

○ 진득찰 잎. 07.04

○ 털진득찰 잎. 07.28

한해살이풀	
자라는 곳	들이나 밭 가장자리
꽃 빛깔	노란빛
피는 때	8~10월
크기	40~100cm

진득찰 (국화과)

진득한 꽃과 열매가 옷이나 동물 털에 찰싹 달라붙는 다고 진득찰이다. 찬찬히 보면 꽃이나 열매를 둘러싸 는 모인꽃싸개잎에 끈적거리는 액을 분비하는 샘털 (선모)이 잔뜩 있다. 줄기와 잎에 누운 털이 있어서 털 이 없는 것처럼 보인다. 털진득찰은 줄기에 옆으로 선 긴 털이 많다.

o 쑥대 올라온 모습. 09.03

o 싹 04.02　　　　　o 잎 03.30　　　　　o 꽃 09.14

쑥(국화과)

쑥쑥 잘 자란다고 쑥이다. 잎은 새 깃 모양으로 잘게
갈라지고, 뒷면에 흰 털이 빽빽하다. 잎을 찧어 상처
에 대면 피가 잘 멎어서 지혈제로 쓰였다. 어린잎은
쑥국이나 쑥떡을 해 먹고, 말린 쑥은 뜸을 뜬다. 무엇
이 어지럽게 널린 모습을 쑥대가 자라 엉망이 된 밭에
빗대어 쑥대밭이라 한다.

여러해살이풀
자라는 곳 산과 들의 풀밭
꽃 빛깔 노란빛 띠는 흰빛
꽃 피는 때 7~10월
크기 60~120cm

488

o 맑은대쑥 가을 모습. 잎이 쑥보다 덜 갈라진다. 11.18

o 맑은대쑥 뿌리잎. 09.20

o 사철쑥. 줄기잎이 머리카락처럼 가늘다. 09.07

o 사철쑥 뿌리잎. 겨울에도 살아 있다. 02.19

489

○제비쑥. 잎이 제비 꽁지 모양이다. 08.24

○제비쑥 어린잎. 04.14

○큰비쑥. 바닷가에서 자란다. 12.08

○큰비쑥 뿌리잎. 12.08

○골등골나물. 잎끝이 둔하며, 거친 털이 있다. 07.24

○등골나물. 잎이 마주나고, 털이 있다. 07.26

○향등골나물. 잎이 3갈래로 갈라진다. 09.20

여러해살이풀

자라는 곳 산과 들
꽃 빛깔 자줏빛 띠는
흰빛
꽃 피는 때 7~10월
크기 100~200cm

등골나물(국화과)

혀 모양 꽃잎은 없고, 관 모양 작은 꽃들이 달렸다. 삐져나온 꽃술이 가는 실처럼 보인다. 전체에 가는 털이 있고, 줄기는 곧게 선다. 밑동에서 나온 잎은 작고 꽃이 필 때 없어지며, 줄기 가운데쯤부터 잎이 더 커진다. 잎 가장자리에 날카로운 톱니가 있고, 어린순은 나물로 먹는다.

491

○ 08.24

○잎 04.19

○자란 잎. 07.02

산비장이 (국화과)

가을에 엉겅퀴를 닮은 꽃이 피는데, 엉겅퀴와 달리 전체에 가시가 없다. 꽃이 기다란 꽃대 끝에 피는 점도 다르다. 줄기는 곧게 자라서 가지가 갈라지고, 세로 줄이 있다. 잎은 새 깃 모양으로 갈라지고, 고르지 않은 톱니가 있다. 어린순은 나물로 먹는다.

여러해살이풀

자라는 곳 산의 풀밭
꽃 빛깔 분홍빛 띠는
자줏빛
꽃 피는 때 8~10월
크기 30~140cm

○08.24

○싹 03.23

○어린잎 07.08

두해살이풀

자라는 곳 산과 들
꽃 빛깔 연노란빛
꽃 피는 때 6~10월
크기 90cm 정도

쇠서나물 (국화과)

잎과 줄기에 거친 털이 많아 소의 혀처럼 거친 나물이
라고 소혀나물에서 쇠서나물이 되었다. 뿌리잎은 꽃
방석 모양으로 돌려나는데, 꽃이 필 때 말라 버린다.
줄기잎 가장자리에는 뾰족한 톱니가 있고, 위로 올라
갈수록 밑이 좁아지며 날개처럼 되어 줄기를 감싼다.

o 쑥부쟁이 09.30

o 쑥부쟁이 싹. 04.18

o 쑥부쟁이 열매. 솜털이 없다. 09.30

o 개쑥부쟁이 열매. 솜털이 있다. 10.03

쑥부쟁이 (국화과)

쑥을 뜯던 불쟁이(대장장이) 딸이 죽어서 피어났다는
애틋한 이야기의 주인공이다. 잎에 털이 없고, 줄기잎
가장자리에 굵은 톱니가 있다. 어린순은 나물로 먹는
데, 약간 축축한 곳에서 드물게 난다. 흔히 보이는 것
은 털이 많고, 줄기잎 가장자리에 얕은 톱니가 있는
개쑥부쟁이다.

여러해살이풀

자라는 곳 산이나 들의
축축한 곳
꽃 빛깔 연보랏빛
꽃 피는 때 7~10월
크기 30~100cm

o 개쑥부쟁이. 가지가 많이 갈라진다. 09.29

o 개쑥부쟁이 뿌리잎. 털이 많다. 03.23

o 개쑥부쟁이 열매. 털이 보송보송하다. 10.03

o 까실쑥부쟁이. 잎이 까슬까슬하다. 09.20

o 까실쑥부쟁이 싹. 03.19

○ 미국쑥부쟁이. 줄기잎이 가늘고, 흰 꽃이 잘다. 10.01 ○ 미국쑥부쟁이 뿌리잎. 09.14

○ 갯쑥부쟁이. 갯가에 자라고, 열매에 솜털이 있다. 09.28

○ 섬쑥부쟁이. 울릉도에 자라고, 뭍에서도 재배한다. 09.22

o 별꽃아재비. 전체에 털이 적고, 혀 모양 꽃이 작다. 06.06

o 털별꽃아재비. 전체에 털이 많고, 혀 모양 꽃이 별꽃아재비보다 크다. 08.23

한해살이풀

자라는 곳 밭, 빈 터
꽃 빛깔 흰빛
꽃 피는 때 6~10월
크기 10~40cm

별꽃아재비 (국화과)

꽃이 별 모양을 닮았지만, 별꽃과 다른 종이라서 별 꽃아재비가 되었다. 원산지가 열대 아메리카다. 세 갈 래로 갈라지는 혀 모양 꽃잎은 갓 돋아나기 시작한 아기 이 같고, 가운데 노란 통꽃이 모여 머리 모양 꽃 이 된다. 털별꽃아재비는 털이 많고, 혀 모양 꽃이 조 금 크다.

○ 09.04

○ 뿌리잎 04.13

○ 줄기잎 05.23

참취 (국화과)

진짜 맛있는 취나물이라고 참취다. 시장에서 파는 취
나물은 대개 참취 어린순으로, 향기가 좋고 부드러워
인기가 많다. 뿌리잎은 심장 모양으로 잎자루가 길
고, 가장자리에 굵은 톱니가 있다. 줄기는 곧게 자라
가지가 많이 갈라지고, 가지 끝에 하얀 꽃이 모여 핀
다. 혀 모양 흰 꽃잎이 성기게 붙는다.

여러해살이풀

자라는 곳 산
꽃 빛깔 흰빛
꽃 피는 때 7~10월
크기 70~150cm

○미역취 꽃. 09.29

○미역취 뿌리잎. 미역 맛이 난다. 04.11

○각시취. 꽃이 작고 예쁘다. 08.23

○각시취 잎. 나물해 먹는다. 08.23

○단풍취 꽃. 09.23

○단풍취. 잎이 단풍잎을 닮은 나물이다. 04.18

○은분취 꽃. 09.29

○은분취 뿌리잎. 꽃 필 때까지 있다. 09.29

○버들분취. 위쪽 잎이 버들잎을 닮았다. 09.20

○버들분취 뿌리잎. 04.01

○곰취. 잎이 크다. 07.27

○곰취 잎. 향이 좋은 나물이다. 05.09

500

ㅇ 수리취. 모인꽃싸개잎이 둥글고, 전체가 크다. 10.26

ㅇ 수리취 잎. 뒷면이 희고, 떡을 해 먹는다. 04.19

ㅇ 벌개미취. 꽃이 여름부터 핀다. 08.12

ㅇ 벌개미취 싹. 04.01

ㅇ 갯취. 남쪽 바닷가에서 자란다. 06.12

ㅇ 갯취 뿌리잎. 05.01

501

○ 09.23

○ 잎 09.06

○ 덩이줄기 05.07

뚱딴지 (국화과)

꽃과 잎이 감자같이 생기지 않았는데, 감자 닮은 뿌리가 달려서 뚱딴지같다고 뚱딴지가 되었다. 덩이줄기는 먹기도 했지만, 맛이 없어서 알코올이나 녹말 재료로 썼다. 돼지 사료로 써서 돼지감자라고도 한다. 원산지가 북아메리카다. 요즘 당뇨와 다이어트에 좋다고 주목 받는다.

여러해살이풀

자라는 곳 마을 주변
꽃 빛깔 노란빛
꽃 피는 때 8~10월
크기 150~300cm

○잎 10.04　　　　○10.07

한해살이풀

자라는 곳 길가, 빈 터
꽃 빛깔 연노란빛
꽃 피는 때 7~10월
크기 20~80cm

만수국아재비 (국화과)

향기와 잎 모양이 만수국(메리골드)을 닮았다고 만수국아재비다. 만수국보다 전체가 훨씬 크지만, 꽃이 작고 잎이 가늘며 연노란빛 꽃이 핀다. 쓰레기 더미나 빈 터에서 자주 발견된다고 쓰레기풀이라고도 불렀다. 잎 가장자리에 냄새를 분비하는 기름점(선점)이 있다. 원산지가 남아메리카인 귀화식물이다.

○07.16

○잎 06.08

○열매 09.02

한련초 (국화과)

한해살이풀

자라는 곳 논둑, 습지
꽃 빛깔 흰빛
꽃 피는 때 7월 말~9월
크기 10~60cm

주로 논둑이나 습지에 자라지만 가뭄에도 잘 견디고, 씨앗이 연밥을 닮아서 한련초(旱蓮草)라는 한약재 이름으로 불린다. 잎은 마주나고, 줄기에 깔깔한 털이 있다. 줄기나 잎을 자르면 그 자리가 까매진다. 추출물이 염색, 지혈, 탈모 방지 등에 쓰인다. 꽃이 지면 작은 해바라기 모양 열매가 달린다.

504

ㅇ잎 양 끝이 뾰족하다. 10.18

ㅇ씨방 끝 솜털이 꽃 밖으로 길게 나오지 않는다. 09.03　　ㅇ꽃 08.31

한해살이풀	
자라는 곳	길가나 빈 터
꽃 빛깔	연보랏빛
꽃 피는 때	8~10월
크기	50~150cm

큰비짜루국화 (국화과)

전체 모양이 예전에 마당을 쓸던 빗자루를 닮았고 국화과에 속한다고 비짜루국화라 하며, 비짜루국화보다 크다고 큰비짜루국화다. 원산지가 북아메리카인 귀화식물이다. 비짜루국화와 달리 줄기잎 양 끝이 뾰족하고 잎자루가 있으며, 꽃이 진 뒤 씨방 끝에 붙은 솜털이 꽃 밖으로 길게 나오지 않는다.

○10.03

○뿌리잎 11.26

○어린잎 08.06

사데풀 (국화과)

방가지똥과 비슷하지만 잎 가장자리에 가시가 전혀
없어 부드럽고, 뒷면에 분을 바른 듯 흰빛이 난다. 잎
의 주맥이 뚜렷한 흰빛을 띠며, 줄기나 잎을 자르면
젖빛 액이 나온다. 잎 가장자리에 이 모양 톱니가 있
다. 어린잎을 나물로 먹는데, 고들빼기나 상추처럼 쌉
싸름하다.

506

여러해살이풀

자라는 곳 바닷가,
    양지쪽 풀밭
꽃 빛깔 노란빛
꽃 피는 때 8~10월
크기 30~100cm

o 09,29

o 줄기잎 09,10

o 꽃이 진 모습. 10,20

여러해살이풀	
자라는 곳	산이나 들
꽃 빛깔	노란빛
꽃 피는 때	8~10월
크기	100cm 정도

쑥방망이 (국화과)

잘게 갈라진 잎이 쑥을 닮았고, 꽃은 솜방망이를 닮아 쑥방망이다. 건조한 산지 풀밭에서 자라는 여러해살이풀로, 줄기와 잎 뒷면에 거미줄 같은 털이 있다. 줄기는 곧고 세로줄이 있다. 해독이나 눈을 밝게 하는 데 쓰이며, 희귀식물 취약종으로 지정되었다.

○ 물봉선 09.14

○ 물봉선 싹. 04.16

○ 물봉선 열매 톡 터진 것. 10.11

○ 흰물봉선. 물봉선과 닮았다. 09.07

물봉선 (봉선화과)

물가에 피는 봉선화라고 물봉선이다. 줄기는 붉은 자
줏빛이 돌고 물기가 많으며, 마디가 툭 불거진다. 노
랑물봉선이나 처진물봉선과 달리 꽃이 잎 위쪽에 피
고, 뒤쪽 꿀주머니는 안으로 말린다. 익은 열매는 만
지면 순식간에 터지면서 씨가 튀어나간다. 흰물봉선
은 흰 꽃이 핀다.

자라는 곳 산골짝 물가
꽃 빛깔 자줏빛
꽃 피는 때 7월 말~
　　　　　　10월
크기 40~70cm

∘ 처진물봉선. 꿀주머니가 처졌고, 꽃 빛깔이 연하다. 09.30

∘ 처진물봉선. 거제물봉선은 처진물봉선에 통합되었다. 09.01

∘ 노랑물봉선. 노란 꽃이 핀다. 10.07

∘ 노랑물봉선 잎. 끝이 둔하다. 08.28

o 꽃 09.17

o 잎 08.25

o 알 모양 땅속줄기. 12.23

토란 (천남성과)

흙 속에 알 같은 땅속줄기가 있어서 토란(土卵)이다.
잎줄기와 땅 속 알줄기를 먹기 위해 밭에 심어 가꾼
다. 잎은 아주 넓고 잎자루가 잎 가운데 붙어서 방패
처럼 보이며, 물이 또르르 굴러 내린다. 더운 해 가을
에 더러 꽃이 피기도 하나, 열매는 맺지 못한다.

여러해살이풀

자라는 곳 들
꽃 빛깔 노란빛
꽃 피는 때 8∼9월
크기 100cm

수생식물

◦ 가래. 잎이 긴 타원형이다. 05.19

◦ 애기가래. 가래보다 작고, 잎 가장자리가 밋밋하다. 09.23

◦ 대가래. 잎이 길고, 가장자리에 주름이 있다. 09.23

◦ 네가래(네가래과). 잎이 4장인 토끼풀과 닮았다. 07.06

가래 (가래과)

잎이 농기구 가래를 닮아서 가래다. 잎이 물 표면에 뜨고, 무리지어 자란다. 줄기는 가늘고 길다. 물에 잠기는 잎은 얇고 댓잎처럼 갸름하고 잎자루가 짧지만, 물 위에 뜨는 잎은 긴 타원형으로 잎자루가 길다. 예전에 생선이나 고기를 먹고 체하면 가래 삶은 물을 마셨다고 한다.

여러해살이풀

자라는 곳 논, 연못, 늪
꽃 빛깔 노란빛 도는 풀빛
꽃 피는 때 5~8월
크기 10~60cm

512

○07.06

○알 같은 홀씨주머니. 11.18

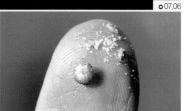
○홀씨주머니 속에 든 홀씨, 가루 같다. 11.18

한해살이풀
자라는 곳 논이나 연못, 습지
꽃 홀씨로 번식
크기 7~10cm

생이가래 (생이가래과)

물에 떠다니는 양치식물이라 꽃이 피지 않고, 고사리처럼 홀씨로 번식한다. 세 장씩 돌려나는 잎 가운데 한 장은 물 속에서 잘게 갈라져 양분을 흡수하며, 여기에 홀씨주머니가 달린다. 홀씨주머니는 겨울 철새의 먹이가 된다. 잎이 오톨도톨해 물이 또르르 굴러 내린다.

○애기부들 열매. 11.19

○부들. 수꽃(위)과 암꽃이 붙어 핀다. 07.06

○애기부들. 수꽃(위)과 암꽃이 떨어져 핀다. 08.02

부들(부들과)

잎이 부들부들해서 부들이다. 잎은 길고 나선형으로 살짝 비틀리며, 스펀지 구조가 발달해 가볍고 부드러워서 방석이나 자리를 짜는 재료로 썼다. 꽃차례 위쪽에 수꽃이 피고, 바로 아래 꼬치에 꿴 어묵 같은 암꽃이 핀다. 애기부들은 수꽃과 암꽃 사이가 떨어졌다.

여러해살이풀	
자라는 곳	강가, 연못, 늪
꽃 빛깔	암꽃 밤빛, 수꽃 노란빛
꽃 피는 때	6~7월
크기	150cm 정도

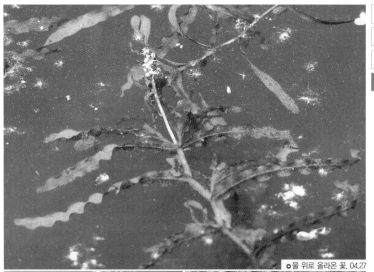

○ 물 위로 올라온 꽃. 04.27

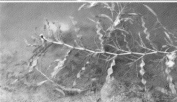

○ 물에서 자라는 모습. 05.11

○ 겨울 나는 잎. 어린잎은 물결무늬 주름이 덜하다. 02.11

여러해살이풀

자라는 곳 흐르는 물,
연못, 늪
꽃 빛깔 연노란빛
꽃 피는 때 4월 말~
10월
크기 70cm 정도

말즘 (가래과)

잎이 가늘고 긴 물풀을 '말'이라 하는데, 말즘 잎에는 주름이 많다. 어린잎은 주름이 없다. 물 위에 뜨는 잎이 거의 없고 대부분 물에 잠겨 너풀거리는데, 그 모습이 작은 미역 같다. 가을에 짧은 가지가 떨어져 물 밑에서 겨울을 나고, 이듬해 다시 자란다. 어린잎을 나물로 먹는다.

○09.02

○ 어린잎 09.10 ○ 까만 살눈. 09.10

보풀 (택사과)

얕은 습지에 사는 여러해살이풀이다. 긴 잎자루 끝에
달리는 뿌리잎은 화살촉 모양이다. 꽃줄기에 흰 꽃이
층층이 피는데, 위에 수꽃이 달리고 아래 암꽃이 달린
다. 암꽃에는 동그란 풀빛 열매가 달린다. 뿌리잎이
나오는 잎겨드랑이에 씨가 아니면서 싹을 틔워 번식
하는 까만 살눈이 달린다.

<table>
<tr><td colspan="2">여러해살이풀</td></tr>
<tr><td>자라는 곳</td><td>연못, 논, 도랑, 늪</td></tr>
<tr><td>꽃 빛깔</td><td>흰빛</td></tr>
<tr><td>꽃 피는 때</td><td>7~10월</td></tr>
<tr><td>크기</td><td>20~80cm</td></tr>
</table>

o 벗풀 꽃. 08.25

o 올미 06.22

o 벗풀 잎. 05.16

o 올미. 물에 잠겨 자라는 모습. 05.29

o 벗풀 덩이줄기. 05.16

o 올미 덩이줄기. 05.29

○07.26

○잎 뒷면. 자라 등을 닮은 공기주머니가 있다. 06.27

○열매. 씨앗이 점액질로 싸였다. 11.29

자라풀(자라풀과)

잎을 뒤집으면 볼록한 스펀지 같은 공기주머니에 거
북 등처럼 생긴 그물 무늬가 있는데, 그 모습이 자라
를 닮았다고 자라풀이다. 심장 모양 잎에 공기주머니
가 있어 물에 잘 뜨고 반질반질하다. 암수한그루로
암꽃과 수꽃이 따로 피는데, 대개 하루 만에 진다.

여러해살이풀

자라는 곳 연못가,
도랑, 늪
꽃 빛깔 흰빛
꽃 피는 때 7월 말~
10월
크기 잎 지름 3.5~7cm

518

○검정말 암꽃. 물 위로 올라와 핀다. 07.06   ○암꽃 07.06

○붕어마름(붕어마름과). 잎이 실처럼 가늘다. 05.28   ○물에서 건진 모습. 05.28

여러해살이풀	
자라는 곳	연못, 개울, 늪
꽃 빛깔	연한 자줏빛
꽃 피는 때	8~9월
크기	30~60cm

검정말 (자라풀과)

다른 말풀보다 검은빛을 띠어 검정말이다. 잎은 3~8 장이 돌려난다. 암꽃은 물 속에서 씨방이 길게 자라 물 표면에서 피고, 수꽃은 물 속에서 떨어져 나와 떠다니면서 수정한다. 붕어마름은 검정말보다 훨씬 가늘고 긴 잎이 5~12장 돌려나며, 붕어나 물 속 곤충의 삶터가 된다.

o 열매 09.17   o09.14

물질경이 (자라풀과)

잎이 질경이와 닮았고, 물가에 살아서 물질경이이다.
하지만 질경이와 전혀 다르다. 여름에 잎 사이에서 꽃
대가 올라 연분홍색 꽃이 피는데, 하루 만에 진다.
꽃 아래 씨방은 치자 열매 모양으로 여물고, 날개가
있다. 농약을 잘 치지 않는 논이나 논도랑에서 볼 수
있다.

한해살이풀

자라는 곳 논이나 도랑
물 속
꽃 빛깔 연분홍빛
꽃 피는 때 6~10월
크기 10~25cm

○꽃 08.31   ○08.31

여러해살이풀
자라는 곳 논, 늪, 연못 가장자리
꽃 빛깔 흰빛
꽃 피는 때 8~9월
크기 60~90cm

질경이택사 (택사과)

잎은 질경이를 닮았고, 꽃은 택사를 닮아서 질경이택사다. 택사에 비해 잎이 넓고, 긴 잎자루가 있다. 씨나 덩이줄기로 겨울을 난다. 덩이줄기를 '택사'라 하여 한약재로 쓰고, 심어 가꾸기도 한다. 액에 독성이 있어서 피부에 묻으면 물집이 생기므로 조심해야 한다.

○09.22 ○06.22

해오라비사초 (사초과)

여러해살이풀

자라는 곳 연못가나 화분
꽃 빛깔 흰빛
꽃 피는 때 6∼10월
크기 20∼40cm

꽃방동사니, 백로사초라고도 한다. 원산지가 북아메리카인 재배식물로, 우리나라에서는 한해살이다. 칼모양 잎끝이 하얗게 변해 꽃처럼 보인다. 꽃은 하얀 잎 가운데 있다. 뿌리줄기가 남아 겨울을 난다. 실내에서 기를 경우, 꽃이 질 때 꽃대를 뽑으면 사철 꽃을 볼 수 있다.

522

○07.31

○이삭 07.31

○숲을 이룬 모습. 07.21

줄 (벼과)

여러해살이풀

자라는 곳 연못,
　　　　　냇가, 늪
꽃 빛깔 노란빛 띠는
　　　　　밤빛
꽃 피는 때 7월 말~9월
크기 100~200cm

키가 크고 물가에 자라며, 뿌리줄기가 옆으로 길게 뻗어 무리짓는다. 그래서 줄 숲에는 새 둥지가 많다. 잎 가장자리가 날카로워 살갗이 스치면 베인다. 서양에서는 서양 줄 열매를 야생쌀이라 한다. 줄기와 뿌리를 먹으며, 열매와 잎, 뿌리줄기는 약으로 쓴다.

ㅇ큰매자기. 주로 늪이나 연못의 얕은 곳에 산다. 05.11

ㅇ큰매자기 잎. 05.11

ㅇ큰매자기 덩이줄기. 02.05

큰매자기(사초과)

굵은 땅속줄기가 옆으로 뻗으며 자라다가, 마디에서 굵고 둥근 덩이줄기가 달린다. 덩이줄기는 양분이 많아 큰기러기, 큰고니 같은 겨울 철새의 먹이가 된다. 줄기는 세모나다. 큰매자기는 늪이나 연못의 얕은 곳에 살고, 매자기는 바닷가 짠물 쪽에서 자란다.

여러해살이풀
자라는 곳 연못가나 늪
꽃 빛깔 짙은 밤빛, 노란빛 띠는 밤빛
꽃 피는 때 5~10월
크기 80~150cm

o 이삭꽃 05.11

o 자라는 모습. 06.29

여러해살이풀

자라는 곳 연못, 습지
꽃 빛깔 밤빛
꽃 피는 때 5~7월
크기 70~150cm

도루박이 (사초과)

얕은 물에 자라는 여러해살이풀이다. 꽃이 피는 줄기와 피지 않는 줄기가 따로 있다. 꽃이 피지 않는 줄기는 끝이 휘어 땅에 닿고, 거기에서 뿌리를 내린다. 이 모습이 마치 머리를 도로 박는 것 같다 해서 도루박이라 한다. 줄기를 자르면 각이 진 둥근 삼각형이다.

○ 10.01

물상추(천남성과)

이름에 상추가 들어가지만 먹지 못한다. 어항이나 연못 같은 데 띄워서 키운다. 원산지가 열대 지방이라 온도에 민감해서 자연 상태로 겨울을 나기는 어렵다. 4월에 새 잎이 돋기 시작해 번식줄기를 내고, 새끼 포기가 생겨 떨어져 나간다. 물배추로도 불렸으나, 물상추가 표준 식물명으로 정해졌다.

여러해살이풀

자라는 곳 어항이나 연못
꽃 빛깔 연초록빛
꽃 피는 때 8~9월
크기 10cm 정도

○05.19

여러해살이풀

자라는 곳 습지
꽃 빛깔 풀빛
꽃 피는 때 5~6월
크기 40~80cm

이삭사초 (사초과)

꽃차례가 벼 이삭처럼 아래로 숙여 이삭사초다. 세모 난 줄기는 모여 나고 질긴 편이다. 줄기 끝에 이삭이 4~6개 달린다. 맨 끝에 달린 이삭 1~4개는 암꽃과 수꽃이 함께 있는데, 윗부분에 암꽃이 피고 그 아래 수꽃이 붙어 핀다. 나머지 이삭에는 암꽃만 달린다.

○꽃 05.23

○잎. 가운데 잎맥이 도드라진다. 05.01

○석창포. 잎이 작고 가늘며, 꽃차례도 길고 가늘다. 05.22

창포 (천남성과)

전체에서 좋은 향기가 나 단오에 뿌리와 잎을 우려 머리를 감거나 목욕을 하고, 잎과 뿌리를 비녀 모양으로 깎아 머리에 꽂기도 했다. 칼 모양 잎은 밑 부분이 감싸 안으며 포개 난다. 꽃이 꽃밥만 있는 소시지 모양이라, 꽃잎이 탐스러운 꽃창포(붓꽃과)와 구별된다.

여러해살이풀

자라는 곳 연못, 냇가, 늪
꽃 빛깔 노란빛 띠는 풀빛
꽃 피는 때 5~6월
크기 70~100cm

○05.20

○잎과 뿌리줄기. 03.24

○물에 떠다니는 씨앗. 03.03

여러해살이풀

자라는 곳 연못가,
냇가, 늪
꽃 빛깔 노란빛
꽃 피는 때 5~6월
크기 50~120cm

노랑꽃창포 (붓꽃과)

꽃이 꽃창포를 닮았는데, 노란 꽃이 핀다고 노랑꽃창
포다. 붓꽃과 식물로 창포(천남성과)와 전혀 다르며,
잎과 뿌리에 향기도 없다. 원산지가 유럽인 외래식물
로, 연못에 심어 가꾼다. 물가에 퍼져 저절로 자라기
도 한다. 잎의 양면 주맥이 도드라진다.

○ 좀개구리밥(왼쪽)과 개구리밥. 06.13

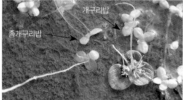

좀개구리밥 개구리밥

○ 좀개구리밥과 개구리밥 뿌리. 06.13

○ 물개구리밥(생이가래과). 양치식물이다. 11.23

개구리밥 (개구리밥과)

개구리가 많이 사는 논이나 연못에서 자란다고 개구리밥이다. 뿌리 없이 물에 둥둥 떠다니며 자란다고 부평초라고도 한다. 겨울눈이 물 속에 가라앉아 겨울을 나고, 이듬해 봄 물 위에 떠서 자란다. 좀개구리밥은 잎 모양 엽상체 하나에 뿌리가 하나, 개구리밥은 엽상체 하나에 뿌리가 여러 개다.

여러해살이풀

자라는 곳 논이나 연못
꽃 빛깔 흰빛
꽃 피는 때 7월 말~
　　　　　　 9월 초
크기 잎 지름
　　　 1cm 정도

○08.23

○싹. 좁고 긴 잎이 점점 넓어진다. 05.16

○어린잎. 점점 넓어진다. 05.29

한해살이풀	
자라는 곳	논이나 얕은 물, 늪
꽃 빛깔	푸른 보랏빛
꽃 피는 때	7~9월
크기	20~50cm

물옥잠(물옥잠과)

잎이 옥잠화를 닮았고, 물에 산다고 물옥잠이다. 줄기와 잎자루에 스펀지 조직이 발달했다. 줄기 아래쪽 잎은 잎자루가 길고, 위로 갈수록 짧아진다. 원줄기 끝에 꽃대가 서고 푸른 보랏빛 꽃이 피는데, 하루 만에 진다. 수술 여섯 개 중 다섯 개는 노란색, 하나는 갈고리 모양 돌기가 있고 자줏빛이다.

○잎 08.01   ○09.23

물달개비 (물옥잠과)

한해살이풀

자라는 곳 논이나
            연못가의
            얕은 물
꽃 빛깔 푸른 자줏빛
꽃 피는 때 8~9월
크기 약 20cm

어린잎이 달개비(닭의장풀)를 닮았고, 물에 산다고 물
달개비다. 꽃이 잎보다 위에서 피는 물옥잠과 달리,
꽃차례가 잎아래에서 핀다. 수술 여섯 개 중 다섯 개
는 짧고, 하나는 길고 톱니 모양 돌기가 있다. 농약을
많이 치지 않은 논이나 논도랑에서 볼 수 있다.

◦09.23

◦잎자루가 부풀어 부레 같은 공기주머니가 생겼다. 09.23

◦무리지어 자라는 모습. 08.05

여러해살이풀	
자라는 곳	논이나 습지
꽃 빛깔	연보랏빛
꽃 피는 때	8~10월
크기	20~30cm

부레옥잠 (물옥잠과)

잎자루가 부풀어 물고기 부레 같고, 물옥잠과 비슷하다고 부레옥잠이다. 잎자루에 공기를 품어 물에 잘 뜬다. 가운데 큰 꽃잎에만 보랏빛 무늬와 노란 점이 있다. 수술 여섯 개 중 세 개는 길고 털이 있다. 꽃은 하루 만에 진다. 원산지가 열대 아메리카로, 번식력이 뛰어나다.

ㅇ꽃과 열매. 09.17

ㅇ잎 06.08

ㅇ꽃 하나에 긴 수술과 짧은 헛수술이 3개씩이다. 09.02

사마귀풀 (닭의장풀과)

찧어서 몸에 난 사마귀에 붙이면 잘 떨어진다고 사마귀풀(사마귀약풀)이다. 줄기와 잎이 작은 달개비(닭의장풀) 같다고 애기달개비라는 별명도 있다. 줄기가 뻗어 나가다가 마디에서 뿌리를 내린다. 꽃잎이 세 장이고, 수술과 헛수술도 세 개씩 있다. 꽃은 하루 만에 진다.

여러해살이풀	
자라는 곳	연못가나 습지
꽃 빛깔	연분홍빛, 연보랏빛
꽃 피는 때	7~9월
크기	10~30cm

o06.05

o마른 모습. 04.17

o껍질 벗긴 모습. 한약재로 쓰며, 골속이라 한다. 11.19

여러해살이풀

자라는 곳 들의 습지
꽃 빛깔 풀빛, 풀빛
도는 밤빛
꽃 피는 때 5~6월
크기 50~100cm

골풀(골풀과)

이 풀 줄기에서 껍질을 벗긴 것이 '골속'이라는 한약
재다. 골속을 얻을 수 있는 풀이라고 골풀이다. 꽃이
삭 위에도 줄기가 있는 것 같지만, 꽃자루 밑의 포가
길게 자라 줄기처럼 보이는 것이다. 줄기를 등잔의 심
지로 썼다 하여 등심초라고도 한다. 방석이나 자리를
엮는 재료로 썼다.

○ 04.27

물꼬챙이골 (사초과)

가늘고 긴 줄기가 자라는 모습이 물에 꼬챙이를 꽂아
둔 것 같다 해서 물꼬챙이골이며, 비슷한 뜻이 있는
일본 이름과 잇닿아 있다. 줄기가 옆으로 뻗으면서
자라 무리짓는다. 줄기는 원통 모양인데, 마르면 편평
해진다.

여러해살이풀

자라는 곳 물가
꽃 빛깔 연노란빛 띠는
밤빛
꽃 피는 때 5~7월
크기 30~60cm

○ 09.28

○ 어린잎. 화살촉 모양이다. 06.22

○ 잎 뒷면. 07.06

○ 씨앗. 09.17

한해살이풀
자라는 곳 못이나 늪
꽃 빛깔 자줏빛
꽃 피는 때 7월 말~ 9월 초
크기 잎 지름 20~200cm

가시연꽃(수련과)

가시가 많은 연꽃 종류라서 가시연꽃이다. 잎이 지름 200cm까지 자라며, 표면에 주름이 많다. 잎 뒷면은 자줏빛을 띠며, 공기를 품은 잎맥이 발달해서 물에 뜬다. 잎이 커서 꽃이 잎을 뚫고 올라오기도 한다. 씨앗은 우무 같은 점액질에 싸여 떠다니다 가라앉고, 이듬해나 여러 해 뒤에 싹을 틔운다.

537

o 흰 꽃과 붉은 꽃이 피고, 줄기와 잎자루에 거친 털이 있다. 09.15

o 흰 꽃. 09.08

o 줄기와 잎. 마디에 줄기를 둘러싼 둥근 턱잎이 있다. 06.08

나도미꾸리낚시 (마디풀과)

미꾸리낚시를 닮아서 나도미꾸리낚시인데, 잎 밑이 귓불처럼 옆으로 늘어져 잎이 화살촉 모양이다. 줄기와 잎자루에 갈고리 같은 거친 털이 있어 다른 물체에 잘 달라붙고, 살갗이 닿으면 긁힌다. 잎 양면에는 별 모양 털이 있다. 줄기를 둘러싼 둥근 턱잎이 마디마다 있다.

한해살이풀

자라는 곳 물가
꽃 빛깔 붉은빛, 흰빛
꽃 피는 때 7~9월
크기 40~100cm

538

o 미꾸리낚시 꽃. 꽃자루에 가시나 털이 없다. 09.15

o 미꾸리낚시. 잎 밑이 갈라져 줄기를 감싼다. 09.15

o 넓은잎미꾸리낚시 꽃. 꽃줄기에 샘털이 있다. 09.20

o 넓은잎미꾸리낚시. 잎이 넓고 잎자루가 있다. 06.08

○07.06

○ 열매. 연밥이라고 한다. 08.23

○ 잎자루. 연뿌리처럼 구멍이 있다. 06.22

연꽃 (수련과)

잎자루가 길게 자라 잎이 물 위로 올라온다. 뿌리줄
기는 땅 속에서 옆으로 뻗어 나가는데, 연뿌리(연근)
라 해서 반찬을 만들어 먹거나 약으로 쓴다. 연뿌리
와 잎자루에는 구멍이 여러 개 있다. 이 구멍으로 공
기가 땅 속까지 통해 물이 맑아진다. 열매를 연밥이라
하는데, 먹기도 하고 약으로도 쓴다.

여러해살이풀

자라는 곳 연못, 늪
꽃 빛깔 연분홍빛, 흰빛
꽃 피는 때 6~8월
크기 잎자루
　　　100~200cm

540

ㅇ수련 흰 꽃. 붉은 꽃도 있다. 06.15

ㅇ수련 분홍 꽃. 08.26

ㅇ개연꽃. 잎이 물 위로 솟고, 암술머리가 노랗다. 08.09

ㅇ남개연. 잎이 물에 뜨고, 암술머리가 붉다. 08.09

○어리연꽃. 잎 가장자리가 둥글고, 잎아래가 많이 갈라진다. 08.09

○좀어리연꽃. 전체가 어리연꽃보다 작다. 09.12

○노랑어리연꽃. 잎아래가 어리연꽃보다 덜 갈라진다. 08.13

어리연꽃(조름나물과)

크고 화려한 연꽃에 비해 작고 볼품없다고 어리연꽃
이다. 잎은 물 위에 뜨고 윤기가 난다. 긴 줄기에 잎이
1~3장 달리고, 잎자루 밑 부분에서 꽃대가 열 개 정
도 나온다. 꽃 안쪽과 가장자리에 실 같은 털이 많다.
좀어리연꽃과 노랑어리연꽃은 꽃잎 가장자리에만 털
이 있다.

여러해살이풀

자라는 곳 연못,
도랑, 늪
꽃 빛깔 흰빛
꽃 피는 때 7~9월
크기 잎 지름
7~20cm

542

o 물에서 꽃 핀 모습. 06.16

o 물 밖에서 꽃 핀 모습. 05.19

o 열매 05.19

여러해살이풀

자라는 곳 연못이나
논, 늪
꽃 빛깔 흰빛
꽃 피는 때 4~6월
크기 50cm 정도

매화마름 (미나리아재비과)

꽃이 물매화를 닮았고, 잎은 붕어마름과 비슷해서 매화마름이라 한다. 키가 50cm나 되지만, 대부분 물 속에 잠겨 있다. 꽃은 물 위로 올라와 핀다. 논에서 자라는 매화마름은 물이 깊지 않아 잎이 드러나기도 한다. 마디에서 뿌리가 내리고, 줄기 속은 비었다. 희귀식물 취약종으로 지정되었다.

○ 05.08

○ 뿌리잎 11.06

○ 열매. 길쭉한 달걀 모양이다. 06.01

개구리자리 (미나리아재비과)

개구리가 사는 물기 많은 곳에 자란다고 개구리자리
다. 놋동이풀이라는 별명도 있다. 전체에 털이 없고,
줄기 속이 비었다. 잎과 꽃에 윤기가 나며, 열매는 길
쭉하다. 민간에서 구안괘사(얼굴 신경 마비 증상)에
쓰고, 한방에서는 간염에 처방하기도 한다. 독이 있어
함부로 쓰면 안 된다.

두해살이풀

자라는 곳 논두렁, 습지
꽃 빛깔 노란빛
꽃 피는 때 4~6월
크기 30~60cm

544

o 털개구리미나리. 열매가 동그란 별 사탕 모양이다. 05.15

o 털개구리미나리 뿌리잎. 털이 많다. 02.02

o 젓가락나물. 열매가 길쭉한 별 사탕 모양이다. 06.01

o 젓가락나물 뿌리잎. 05.28

o 개구리미나리. 여름에 핀다. 07.29

o 열매 09.13

o 개구리미나리 뿌리잎. 털이 적고, 길게 갈라진다. 09.13

○06.21

○어린잎. 맑은 우무 같은 점액질에 싸였다. 07.18

○잎 뒷면. 맑은 우무 같은 점액질에 싸였다. 07.18

순채 (수련과)

수라상에 올리던 귀한 나물로, 순나물이라고도 한다.
연못에서 저절로 자라기도 하지만, 옛날에는 우무같
이 투명한 점액질에 싸인 어린잎과 싹을 먹기 위해 논
에 심어 가꾸기도 했다. 뿌리줄기는 옆으로 뻗으면서
자라고, 잎 가운데 잎자루가 달린다. 잎은 물에 뜨고,
뒷면이 자줏빛이다.

○08.15

여러해살이풀

자라는 곳 연못, 늪
꽃 빛깔 노란빛
꽃 피는 때 7~9월
크기 50~60cm

물양귀비 (양귀비과)

꽃이 양귀비를 닮았고, 물에 산다고 물양귀비다. 열대 지역 연못이나 늪에서는 저절로 퍼져 자라지만, 우리 나라에서는 연못이나 큰 화분에 심어 가꾼다. 잎에 공 기주머니가 있어서 물에 뜨는데, 잎 뒷면의 주맥만 부 푼 점이 자라 모양 공기주머니가 있는 자라풀과 다르 다. 꽃은 하루 만에 진다.

547

○ 09.17

○ 잎 08.07

○ 열매 09.17

자귀풀(콩과)

잎의 생김새와 흐린 날이나 밤에 잎이 포개지는 점이 자귀나무를 닮아 자귀풀이다. 물가에서 자라며, 씨와 풀 전체를 차로 우려 마시거나 꼴로 쓴다. 차풀과 헷 갈리기 쉽지만, 줄기가 풀빛이고 꼿꼿이 서며 연노란 꽃이 핀다.

한해살이풀

자라는 곳 논이나 습지
꽃 빛깔 연노란빛
꽃 피는 때 7~10월
크기 50~80cm

ㅇ부처꽃. 줄기에 털이 거의 없다. 06.05　　　　ㅇ털부처꽃. 줄기에 털이 많다. 06.30

여러해살이풀

자라는 곳 냇가나 습지
꽃 빛깔 붉은 분홍빛
꽃 피는 때 7~8월
크기 100cm 정도

부처꽃 (부처꽃과)

불교에서 하안거가 끝나는 백중날(음력 7월 15일) 치르는 우란분회 때 부처에게 바치는 꽃이라고 부처꽃이다. 이 날 절이나 민가에서 조상의 성불을 기원하기 위해 동이에 음식과 꽃을 공양한다. 줄기와 꽃받침에 털이 거의 없으면 부처꽃, 털이 많으면 털부처꽃이다. 털부처꽃이 더 흔하게 보인다.

○ 마디꽃 09.23

○ 가는마디꽃. 잎이 마디꽃보다 가늘고, 3~4장이 돌려난다. 09.15

마디꽃 (부처꽃과)

잎겨드랑이에 꽃이 핀 모습이 마디마다 꽃이 핀 것처럼 보인다고 마디꽃이다. 하지만 마디풀과가 아니라 부처꽃과에 든다. 논이나 습지에서 자라는 키 작은 풀이며, 전체에 물기가 많다. 줄기는 옆으로 기다가 비스듬히 선다. 마주나는 잎은 잎자루가 없고, 위로 갈수록 작아진다.

한해살이풀

자라는 곳 논이나 습지
꽃 빛깔 분홍빛 띠는
붉은빛
꽃 피는 때 7~9월
크기 12~15cm

550

o 마름 08.25

애기마름

마름

o 마름, 애기마름 잎. 08.25

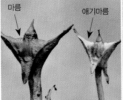

마름   애기마름

o 마름, 애기마름 열매. 08.25

o 마름. 물가에 박힌 열매. 07.31

마름 (마름과)

잎이 마름모 비슷한 세모꼴이다. 뿌리는 물 속에 박
아 놓고, 줄기를 길게 뻗어 잎이 물에 뜬 채 자라서 잎
자루에 불룩한 공기주머니가 있다. 말밤 혹은 물밤이
라는 열매를 날것으로 먹기도 하고, 삶아 먹기도 한
다. 익은 열매는 가라앉아 이듬해에 싹이 난다. 꽃은
하루 만에 진다.

○09.14

○붉게 단풍이 드는 모습. 09.16

○호흡뿌리. 숨을 쉬기 위해 물 밖으로 나왔다. 08.01

여뀌바늘(바늘꽃과)

잎이 여뀌를 닮았고, 열매가 바늘 모양이라 여뀌바늘이다. 꽃은 바늘처럼 생긴 씨방 끝에 한 송이씩 달린다. 꽃잎과 꽃받침, 수술이 모두 4~5개다. 꽃이 져도 씨방 끝에 꽃받침이 남는다. 가을에는 잎이 붉게 물든다. 땅이 물에 잠기면 물 밖으로 하얀 호흡뿌리를 낸다.

한해살이풀

자라는 곳 논이나 습지
꽃 빛깔 노란빛
꽃 피는 때 8~9월
크기 30~70cm

○물수세미. 50cm 정도 자라고, 꽃이 잎겨드랑이에 자잘하게 붙어 핀다. 07.16

○이삭물수세미. 100cm 이상 자라고, 줄기 끝에서 자란 꽃이삭이 물 위로 쑥 올라와 핀다. 11.23

여러해살이풀	
자라는 곳	연못, 늪, 개울가
꽃 빛깔	연노란빛
꽃 피는 때	7~8월
크기	줄기 50cm 정도

물수세미 (개미탑과)

땅속줄기가 진흙 속에서 옆으로 뻗으며 무리지어 자란다. 잎과 줄기는 물 속에 잠기고, 끝 부분만 물에 뜬다. 새 깃 모양으로 잘게 갈라진 잎은 줄기 마디마다 네 장씩 돌려난다. 암수한그루로 윗부분에 수꽃이 피고, 아래에 암꽃이 달린다. 물수세미는 50cm 정도 되고, 이삭물수세미는 100cm 이상 자란다.

○물칭개나물. 꽃 빛깔이 연하다. 05.08

○큰물칭개나물. 꽃 빛깔이 진하다. 06.08

○물칭개나물 잎. 05.08

○큰물칭개나물 잎. 04.16

물칭개나물 (현삼과)

물가에서 자라고, 전체에 물기가 많으며 털이 없다.
잎은 마주나고 잎자루가 없으며, 줄기를 살짝 감싼
다. 꽃은 연보랏빛이고 줄무늬가 있다. 어린순은 나
물로 먹는다. 큰물칭개나물은 꽃이 물칭개나물보다
크고 진하며, 연보랏빛 바탕에 진한 줄무늬가 있다.

두해살이풀

자라는 곳 논이나 습지
꽃 빛깔 연보랏빛
꽃 피는 때 4월 말~6월
크기 30~60cm

○08.10

○어린잎 04.25

○자란 잎. 05.28

미나리(산형과)

습지와 냇가에 저절로 자라는데, 나물로 먹기 위해 무
논에 심어 가꾸기도 한다. 미나리를 기르는 논을 미나
리꽝이라 한다. 요즘은 밭에서 재배하는 밭미나리도
인기다. 물가에 살면서 물을 깨끗하게 해 주고, 독특
한 향으로 입맛을 돋우는 고마운 나물이다.

o구와말. 물 위 줄기에는 털이 있다. 09.17

o구와말. 얕은 물에서 자라는 모습. 09.23

o민구와말. 구와말보다 작고, 원줄기에 털이 없다. 09.12

구와말 (현삼과)

국화처럼 잎이 갈라진 물풀이라고 구와말이다. 잘게
갈라진 잎이 5~8장 돌려난다. 꽃은 잎겨드랑이에 하
나씩 핀다. 꽃자루는 거의 없고, 수술 네 개 중에 두
개가 길다. 잎이 예쁘고 물 속에서 잘 자라 어항 물풀
로 쓰기도 한다. 민구와말은 줄기와 꽃받침에 털이
없고, 꽃자루가 있다.

여러해살이풀

자라는 곳 논밭이나
          냇가의 습지
꽃 빛깔 보랏빛
꽃 피는 때 8~9월
크기 10~30cm

○참통발. 꽃에 털이 없고, 씨가 맺히지 않는다. 08.23

○들통발. 꽃에 털이 있고, 씨가 맺힌다. 09.08

○참통발 벌레잡이주머니. 09.17

여러해살이풀

자라는 곳 연못, 논
꽃 빛깔 노란빛
꽃 피는 때 8~9월
크기 20~30cm

참통발(통발과)

뿌리 없이 물에 떠서 자라는 벌레잡이식물이다. 뿌리처럼 보이는 건 잎이다. 잎의 갈래 조각 일부가 벌레잡이주머니가 되어 물벼룩처럼 작은 곤충을 잡아 녹여서 양분을 흡수한다. 꽃줄기에 꽃이 4~7송이 피고, 씨는 맺지 못한다. 줄기 끝에 모여 난 잎이 물에 가라앉아 겨울을 나고, 떠올라 번식한다.

○09.13

○싹 05.26

○열매. 익으면 뚜껑처럼 열린다. 09.13

뚜껑덩굴(박과)

열매가 익으면 뚜껑이 열리듯이 벌어지고, 덩굴지는 풀이라서 뚜껑덩굴이다. 열매는 위쪽이 뚜껑 모양이고, 아래에 가시 같은 돌기가 있으며, 익으면 위아래로 갈라진다. 주로 물가에서 자라며, 덩굴손이 다른 물체를 감고 오른다. 호박이나 오이처럼 암꽃과 수꽃이 한 그루에 따로 핀다.

<table>
<tr><td colspan="2">한해살이풀</td></tr>
<tr><td>자라는 곳</td><td>도랑이나 습지</td></tr>
<tr><td>꽃 빛깔</td><td>연노란빛 띠는 풀빛</td></tr>
<tr><td>꽃 피는 때</td><td>5~6월</td></tr>
<tr><td>크기</td><td>길이 200cm 정도</td></tr>
</table>

ㅇ자란 잎. 05.23

ㅇ싹 04.16

ㅇ꽃 09.08

물쑥 (국화과)

물가에서 자라는 쑥이라고 물쑥이다. 땅속줄기가 옆
으로 뻗으면서 자라 무리짓는다. 잎 앞면에는 털이 없
고, 뒷면에는 흰 털이 빽빽하다. 밑 부분의 잎은 꽃이
필 때쯤 스러진다. 뿌리는 나물해 먹는다.

○이삭 피기 전의 잎. 07.24   ○무리지어 자라는 모습. 08.16

돌피 (벼과)

주로 논이나 물가에서 자라는 풀이다. 옛날 춘궁기에
먹고 목숨을 잇던 피죽의 재료가 되는 '피'라는 식물
이 따로 있지만, 대개 논에서 피사리하는 돌피를 피라
고 한다. 벼와 함께 있으면 잎을 보고 구별하기 어려
워, 이삭이 올라와야 본격적으로 피사리한다. 이삭이
피면 표가 나 서둘러 씨를 맺는다.

한해살이풀

자라는 곳 논이나 습지
꽃 빛깔 풀빛, 밤빛
　　　　 띠는 풀빛
꽃 피는 때 7~8월
크기 길이 80~100cm

560

o 물피. 털 같은 까락이 길다. 09.30

o 개피. 논둑이나 도랑에서 잘 자란다. 05.28

o 나도개피. 꽃이 한쪽으로 달리고, 이삭이 적다. 09.01

o 참새피. 주로 들의 습지에서 자란다. 08.10

o 도랭이피. 물가보다 양지쪽 모래땅에서 잘 자란다. 05.28

찾아보기

가

바

타